U0939295

不是每一个男孩都有机会去读哈佛

但比读哈佛更重要的是拥有奠定成功基础的哈佛精神

HARVARD

哈佛男孩

精·英·课

韩睿卿 / 著

天地出版社 | TIANDI PRESS

图书在版编目（CIP）数据

哈佛男孩精英课 / 韩睿卿著. —成都：天地出版社，2019.5（2019年重印）
ISBN 978-7-5455-4784-9

Ⅰ. ①哈… Ⅱ. ①韩… Ⅲ. ①男性 - 成功心理 - 青少年读物 Ⅳ. ①B848.4-49

中国版本图书馆CIP数据核字（2019）第064732号

HAFO NANHAI JINGYING KE
哈佛男孩精英课

出品人 杨 政
作 者 韩睿卿
责任编辑 张秋红
内文插图 杜肖牧
装帧设计 思想工社
责任印制 葛红梅

出版发行 天地出版社
（成都市槐树街2号 邮政编码：610014）
（北京市方庄芳群园3区3号 邮政编码：100078）
网 址 http://www.tiandiph.com
电子邮箱 tianditg@163.com
经 销 新华文轩出版传媒股份有限公司

印 刷 北京中科印刷有限公司
版 次 2019年5月第1版
印 次 2019年9月第3次印刷
开 本 710mm×1000mm 1/16
印 张 17
字 数 232千字
定 价 48.00元
书 号 ISBN 978-7-5455-4784-9

咨询电话：（028）87734639（总编室）
购书热线：（010）67693207（营销中心）

哈佛的历史与荣耀

哈佛大学创建于1636年，最初称为“新学院”或“新市民学院”，1639年以约翰·哈佛之名，命名为“哈佛学院”，1780年更名为“哈佛大学”。哈佛大学被誉为“高等学府王冠上的宝石”，380多年来，哈佛大学先后培养出了数以千计的世界级精英，为政界、商界、学术界及科学界贡献了无数的成功人士和时代巨子。

历史上，哈佛大学的毕业生中共有八位曾当选为美国总统。他们是：约翰·亚当斯、约翰·昆西·亚当斯、拉瑟福德·海斯、西奥多·罗斯福、富兰克林·罗斯福、约翰·肯尼迪、乔治·沃克·布什和贝拉克·奥巴马。

在哈佛校史上和今天还在校任教的教师中，曾出过158位诺贝尔奖得主、34位普利策奖得主。

此外，哈佛大学还培养了一大批知名的学术创始人、世界级的学术带头人、文学家、思想家，如诺伯特·德纳、拉尔夫·爱默生、亨利·梭罗、亨利·詹姆斯、罗伯特·弗罗斯特、威廉·詹姆斯、杰罗姆·布鲁纳、乔治·梅奥等。

著名外交家、美国前国务卿亨利·基辛格，微软公司创始人比尔·盖茨和美国第一大社交网站Facebook（脸书）的创始人马克·扎克伯格也曾在哈佛就读。

中国近代也有许多科学家、作家和学者曾就读于哈佛大学，如竺可桢、杨杏佛、赵元任、陈寅恪、林语堂、梁实秋、梁思成、江泽涵等。

哈佛大学因其历史、学术地位、声誉、财富和影响力等因素，在众多大学排行榜上一直名列前茅，被评为世界上最杰出及最负盛名的学府之一。

哈佛大学名人堂

西奥多·罗斯福

美国第26任总统

富兰克林· 罗斯福

美国第32任总统

约翰·肯尼迪

美国第35任总统

乔治·沃克·布什

美国第43任总统

贝拉克·奥巴马

美国第44任总统

亨利·基辛格

美国前国务卿

比尔·盖茨

微软公司
前董事长

马克·扎克伯格

美国社交网站
Facebook创始人

哈佛大学名人堂

拉尔夫·爱默生

美国思想家、诗人

亨利·梭罗

美国作家、哲学家

瓦西利·列昂杰夫

1973年诺贝尔
经济学奖获得者

约瑟夫·默里

1990年诺贝尔
生理学或医学奖
获得者

罗伊·格劳伯

2005年诺贝尔
物理学奖获得者

梁思成

中国著名建筑
史学家、建筑师

梁实秋

中国著名散文家、
翻译家

林书豪

NBA首位
华裔控卫

哈佛大学校训

- 此刻打盹，你将做梦；而此刻学习，你将圆梦。
- 我荒废的今日，正是昨日殒身之人祈求的明日。
- 觉得为时已晚的时候，恰恰是最早的时候。
- 勿将今日之事拖到明日。
- 学习时的苦痛是暂时的，未学到的痛苦是终生的。
- 学习这件事，不是缺乏时间，而是缺乏努力。
- 幸福或许不排名次，但成功必排名次。
- 学习并不是人生的全部，但既然连人生的一部分——学习——也无法征服，还能做什么呢？
- 请享受无法回避的痛苦。
- 只有比别人更早、更勤奋地努力，才能尝到成功的滋味。
- 谁也不能随随便便成功，它来自彻底的自我管理和毅力。
- 时间在流逝。
- 现在流的口水，将成为明天的眼泪。
- 狗一样地学，绅士一样地玩。
- 今天不走，明天要跑。
- 投资未来的人是忠于现实的人。
- 教育程度代表收入。
- 一天过完，不会再来。
- 即使现在，对手也在不停地翻动书页。
- 没有艰辛，便无所获。

P R E F A C E 

前 言

学习哈佛精神，塑造精英品质

8位国家总统、12位国家副总统、34位普利策奖获得者、158位诺贝尔奖获得者、数百位世界级富翁……这些领袖和社会精英都出自同一个学校——哈佛大学。

哈佛大学，已然成为教育界的神话，也是改变世界历史的重要力量。哈佛，就是精英教育的代表，就是优质教育的代名词。成为哈佛人，是一代代人的理想，是一代代人的情结。

学习哈佛精神，也就是向现代精英教育看齐。对每一个男孩来讲，这都是一种敢于挑战自己、超越自己的勇气，更是成为精英男孩该具备的优秀气质。

哈佛告诉你，想要成为未来的精英，就要有探索未知的渴望，对生活充满热情。一个勇于探索的男孩，不会惧怕前方的艰险或迷途，更不会惧怕未知的风险；一个对生活充满热情的男孩，必定会始终保持着那份好奇心，用热切的目光看待周围发生的一切变化；一个真正想要探索未知的男孩，一定会迈出脚步，付出努力，解开萦绕在心头的谜团。

哈佛告诉你，想要成为未来的精英，就要有责任心，敢于为自己的所作所为负责。一个优秀的男孩，一定记得这句话：好男儿顶天立地，行不更名，坐不改姓！一个有责任心的男孩，一定会勇于承担，不管其行为带来的是好的结果还是坏的结果。一个敢于承担责任的男孩，才会成为一个好的领导人、一个值得信服的领导人。

哈佛告诉你，想要成为未来的精英，就要独立自主，不做温室里的花朵。一个独立的男孩，会感激父母的养育之恩，但不会沉溺于父母温暖的怀抱；一个自强的男孩，会请教老师，但不会依赖老师的帮助；一个自主的男孩，一定会试着自己解决问题，自己掌握形势的变化。

哈佛告诉你，想要成为未来的精英，就要冷静且理智，不可以让情绪肆意倾泻。一个冷静的男孩，一定会三思而后行，考量事情的后果后再去决断；一个理智的男孩，一定会用知识和科学武装头脑，不让人言影响自己的判断；一个能控制自己情绪的男孩，一定不会随意发火，也不会将无辜的人牵扯进来。

哈佛男孩是未来的精英，他们是最优秀的男孩，是最勇敢的男孩，是最有领导力的男孩，也是最有希望的男孩。而要成长为这样的男孩，你需要付出真心、付出汗水、付出努力，你需要增加勇气，你需要实践锻炼，你需要执着不悔。

男孩们，想要成为未来当之无愧的时代精英，那就从现在开始努力吧！

C O N T E N T S 目录

PART / 1

哈佛冒险精神

让男孩拥有更开阔的人生视野

C O N T E N T S

PART / 2

哈佛勇敢品格

帮男孩直面挑战，超越自我

PART / 3

哈佛自主能力

让男孩学会独当一面

CONTENTS

C O N T E N T S

PART / 5

哈佛领导力

培养男孩出众的领袖气质

PART / 6

哈佛自信力

让男孩乐观向上，成为最好的自己

C O N T E N T S

CONTENTS

PART / 8

哈佛抗挫力

让男孩成长为坚强积极的男人

PART

1

哈佛冒险精神

让男孩拥有更开阔的人生视野

冒险精神是一柄利剑，拥有它，我们才可以走向更广阔的天地，排除万难，披荆斩棘，勇往直前。其实，生命本身就是一场华丽的冒险，尽管过程中可能磨难重重，道路崎岖而泥泞，但只要我们心无所畏，勇敢跨出第一步，总会迎来硕果累累的新天地。

生命是一场冒险，我们决不退缩

在举世闻名的哈佛大学里，一直流传着这样一则名言：“勇气只是多跨一步去超越恐惧，抱怨自己没有机会的人，多半没有勇气冒险。”是的，不管做什么事，我们都可能遭遇挫折甚至危险，但逃避和拒绝并不能解决问题，我们必须勇敢地跨过去。

在我们的人生旅途中，很多时候，并不是前路有多么崎岖艰险，而是我们缺乏冒险一搏的勇气，在未知的黑暗面前停步不前，就连跨出一小步也不敢。其实，那些取得骄人成就的人，并不比你更聪明，只是他们勇于为了梦想去冒险，能够战胜内心的恐惧和惊慌，打败自己的懦弱和胆怯。

所以，在做一件事时，我们真正需要思考的是：如何将做这件事的过程中可能遭遇的困难和危险系数降到最低，以使我们能够更加顺利地完成这件事。

在哈佛的课堂上，一直流传着这样一个励志故事：

有一个名叫杰克的男孩，居住在美国波士顿的一个小镇上，从小时候开始，他就一直向往着大海，希望有一天能够亲眼见到大海，领略大海的波澜壮阔。一次偶然的机会，他终于实现了这个愿望。

那一天，雾气非常大，天气也非常冷。当他站在海边，看到茫茫无际的大海、高达数米的波浪时，他突然觉得非常失望和害怕：难道这就是我向往已久的大海吗？它充满了危险因素，如果我是一名水手的话，天啊，那可真是太危险了。

杰克在海边遇到一个年轻的水手，他们开始交谈起来。

当杰克向水手提到自己内心对大海的失望和恐惧时，水手答道：“不，大海并非每天都这样寒冷、被雾笼罩，当晴天的时候，整个大海明亮又美丽。不过，不管什么天气，我都深深热爱着大海。”

杰克又问道：“当一名水手不是很危险吗？大海中到处弥漫着危险因素。”

“的确，大海中到处都是危险，不过当一个人热爱他的工作时，他不会想到这些危险。我家中的每一个人都非常热爱大海。”水手说。

杰克问：“你的父亲现在在哪里呢？”

“他死在大海里。”

“你的祖父呢？”

“死在大西洋里。”

“你的哥哥呢？”

“有一次，他在印度的一条河里游泳时，被一条鳄鱼吞食了。”

“天啊，”杰克不由得感慨道，“如果我是你的话，我发誓这一辈子都不会到海里去了。”

水手依然表现得非常平静，他问杰克：“你愿意告诉我你的父亲死在哪里吗？”

“他死在床上。”

“你的祖父呢？”

“也死在床上。”

水手说道：“那么，如果我是你的话，我发誓这一辈子都不到床上去。”

每个人在其一生中，都会遇到很多危险的事情，但是如果我们因为害怕就裹足不前，甚至对人生充满恐惧，那只能说是可悲的。

哈佛大学的一位教授曾这样说过：“在吃鱼的时候，我们可能会被鱼刺卡到，可是我们就应该一辈子不吃鱼吗？平时在街上散步时，我们可能会被其他人或者某种交通工具碰到或者擦伤，可是我们就应该一辈子都不到街上去散步吗？”答案当然是否定的。

人的一生，处处都存在危险因素，我们不要奢望能够逃避或远离这些危险，我们需要做的，是小心谨慎并充满智慧地应对每一件事，勇敢地迎接生命中的每一场考验。只有这样，我们才能成长为一名顶天立地的男子汉，人生才会更加丰富多彩，充满乐趣。

哈佛精神修炼要点

有不少人心中都对那些“看似危险的事物”充满了恐惧。不过我们要知道，人一生大部分的经历都由这些“看似危险的事物”组成。那么，我们应该如何面对它们呢？

1. 拒绝逃避

面对“看似危险的事物”，今天我们可以逃避它，可是将来我们仍然会无数次地遇到它，所以，逃避并不是应对恐惧的唯一方法。譬如，有的小朋友听说附近的道路上发生了交通事故，从此就害怕到有车辆行驶的路上去，因为害怕自己也被撞倒。事实上，这完全没有必要。

2. 认清危险

我们出行时经常要乘坐交通工具，穿过很多道路。这件事本身并无危险因素，很多时候遭遇危险主要是人为因素。你需要明白的是，乘坐交通工具是生活中很自然的事情，我们不需要害怕。

精英养成语录

每人心中都应有两盏灯，一盏是希望的灯，一盏是勇气的灯。有了这两盏灯，我们就不怕海上的黑暗和风涛的险恶了。

——罗曼·罗兰

成功从尝试开始

毕业于哈佛大学的西奥多·罗斯福曾经说过这样一句话："失败固然痛苦，但更糟糕的是从未去尝试。"没有哪一个人的成功是一蹴而就的，就算是爱迪生，他也是在经历了无数次的失败后，才成功发明了电灯。失败是痛苦的，但如果连尝试一下的勇气都没有，这样的人无疑是可悲的。

人生是一个不断尝试的过程，没有一颗勇于尝试的心，被失败的幻影纠缠，从而裹足不前，成功永远只能是镜花水月。所以，不要害怕失败，不要停止尝试，即便遭遇一次比一次严重的打击，也要不断努力。因为只有努力了，才会有希望！

尼克·胡哲是一名澳大利亚人，1982年他出生于澳大利亚的墨尔本，因为患有海豹肢症（先天性四肢切断综合征），从一出生，他就没有双臂和双腿，只在左臀部的下方有一个只有两根脚趾头的"小脚"。面对这样的不幸，尼克·胡哲并没有感到沮丧。凭着顽强的努力，最终，他不仅能够独立生活，甚至还学会了打字、跳水、游泳等多项技能。现在的尼克已经是全球知名的演讲家，他到过40多个国家，进行过1500多次演讲，有400万人聆听过他的演讲，其中包括7个国家的总统。

当然，尼克的成功之路走得并不顺利，他遭遇过很多常人都无法承受的困难。不过，尼克告诉人们一个秘诀，那就是：尝试，尝试，再尝试！

“在我找到自己的理想——当一名演讲家去改变别人时，我的父母并不支持。”尼克说。当他跟妈妈探讨这一问题时，妈妈正在洗碗，妈妈质问他：“你准备演讲些什么呢？你怎么去你的演讲地？怎么推销你自己？别人会因此付给你钱吗？”这一连串的问题问得尼克哑口无言，不得不承认，这些问题，他之前从未考虑过。

“但我知道去尝试就有可能，你永远不知道拐角处有什么在等着你。”尼克并不灰心，他拿起电话，开始一家学校一家学校地“毛遂自荐”，但是一连打了52个电话，答案都是“不，谢谢”。

“我就想，爱迪生发明电灯时，做过一万次实验，这意味着他失败了9999次。他为什么能坚持下来？因为他知道尝试的价值，知道这次尝试会给世界带来的改变。”值得庆幸的是，第53次，尼克终于成功了，有一个距离他家两个半小时车程的学校同意请他前去演讲，酬劳是50美金。不过等尼克到了现场的时候，校长告诉他，讲座时间只有5分钟，并且只有10个人听讲座。

尼克当时有点抓狂，不过他仍然努力抓住这次机会。事实证明，尼克的努力没有白费，讲座结束后的第二天，他就接到了第一个主动邀请他去演讲的电话。“于是我的演讲生涯开始了，到现在已经有1500多场了。”

“我从来没想过成为演讲家，但我一直尝试。8岁的时候我告诉妈妈我要自杀，10岁的时候我真的想在浴缸里淹死自己。但最后我放弃了，我不想让我的妈妈在我坟前哭泣。有时候我会庆幸，因为如果我那时候死掉了，我将错过多少美好的东西！”

绝大多数哈佛大学的学子都知道尼克的故事。培根曾经说过：“世界上有许多做事有成的人，并不一定是因为他比你会做，而仅仅是因为他比你敢做。”是的，成功只是敢不敢的问题。

这种敢于不断尝试的勇气挽救了尼克，使他不像其他残疾人一样，一味默默等待他人的救助。他敢于直面自己的人生，敢于尝试美好的东西，所以，他成了世界上很多健全人的“救星”。

哈佛精神修炼要点

失败谁都会遇到，可是为什么有的人失败了成千上万次仍然不放弃自己的目标，并最终获得了胜利，而有的人才失败了一两次就偃旗息鼓，让自己“提前”远离梦想和目标呢?

前者成功有两个原因：一个是对实现目标的强烈渴望；另一个是拥有锲而不舍的毅力，坚持对目标的追求。凡是拥有强烈的实现目标的欲望和锲而不舍的毅力的人，往往都是获得最终胜利的人。

那么，男孩应该如何培养这种强烈的实现目标的欲望和锲而不舍的毅力呢?

1. 坚持自己的目标

一旦确立了目标，就决不动摇，坚持到底，不给自己找退缩的借口。

2. 持之以恒

恒心非常重要。很多人在实现目标的过程中往往三天打鱼两天晒网，最后一无所成。因此，在向目标迈进的过程中，男孩们必须持之以恒、坚持不懈，不能中途放弃。

机遇永远在障碍的背后

有时候，那些能够改变我们一生命运的机会就躲藏在那些阻挡我们的障碍中，等待着我们去发现。哈佛大学的学子之所以在成功之路上一路畅通，是因为他们大多明白这样一个道理："机会通常都是隐蔽的，它喜欢乔装打扮成一副狰狞的面孔，以此吓退那些胆小怯懦之人，而那些有着长远眼光和卓越智慧的人们，却能从这些障碍中看出其真面目。"所以，他们并不是天生优于他人，而只是他们能够把握住机会，从而得以施展人生的抱负。

每种事物都有其存在的理由，障碍也是。在人生的旅途中，障碍总是不那么受欢迎，因为它总是带来不愉快，可是，只有那些聪明的人，才能在坎坷、痛苦的背后，发现隐藏在其中的机遇，一步步迈向成功。

在哈佛的课堂上，一位教授就讲过这样一个"不惧人生障碍"的经典故事：

古时候，有一位聪慧的国王，他决定用设置障碍的方法发现和他一样聪明的人，并加以重赏。国王命人在道路的中间放了一块巨石，然后，他就躲在一旁悄悄观察路人的反应。开始的时候，所有路过的人都绕道而行，其中有人大声抱怨："这块可恶的石头，为什么偏偏放在这里？"不过奇怪的是，虽然人们都对这一障碍心怀不满，但始终没有一个人肯动手把石头移开。

这一天，有一个挑着许多蔬菜的农夫经过这里。他看到巨石后，皱皱眉头，但并没有像其他人一样走开，而是停留在了巨石前。农夫发现如果绕行的话会多走很多路，非常耽误时间。他看看左右，发现没有一个人。于是，他搓搓手心，放下肩上的蔬菜，使出浑身的力气，把巨石推到了路边，这下人们便能很方便地从这条道路上通过了。不过，当推开巨石的时候，农夫却意外地发现，巨石的下面居然压着一个袋子。他打开袋子一看，发现里面竟然装满了金币。另外，袋子里还有一张国王留下的纸条，纸条上说如果谁把这块巨石推开，谁就将得到这袋金币。

农夫惊讶得说不出话来，国王也满意地笑了。

其实，在日常生活中，绝大部分的人都不喜欢障碍，他们更期待一马平川的路途，没有担忧，没有起伏，顺顺利利地到达终点，然后平静地闭上眼睛。然而，当他们回忆往事的时候，却惊讶地发现自己竟一无所得。因为，没有风雨、没有起伏的人生就如荒凉的戈壁，几乎乏善可陈。

障碍的存在，恰恰是人生起伏的关键点。它能激发人的潜能，能制造成功的机会，而非成功的阻力。男孩们，我们需要记住的是：在多数人感到是障碍的地方，往往就蕴藏着珍贵的机遇，就看我们如何去把握了。

哈佛精神修炼要点

那些杰出的人通常都具有敏锐的洞察力，这种洞察力可以说是他们能够从普通人群中脱颖而出的重要因素。

那么，男孩该如何训练自己的洞察力呢？

1. 学会观察

一个正常人接触到的外部信息大多是通过视觉和听觉传入大脑，“观察”可以说是人的智力活动的门户。生物学家达尔文就曾经说过：“我既没有突出的理解力，也没有过人的机智，只是在观察那些稍纵即逝的事物并对其进行精细观察的能力上，我可在众人之上。”可见，培养自己的观察力是极其重要的。

2. 提高自己的思维能力

观察力的提升离不开思维能力的帮助。一个人认识一件新事物通常是通过观察，继而通过科学的思维，从而得出观察的结论。所以，培养杰出的洞察力，必须提高自己的思维能力。

3. 选择合适的环境

我们应该让自己生活在一个丰富多彩、充满变化的环境中，因为只有在这样的环境中，我们的大脑才会长期处于活跃的状态，大脑的发育才能更好，智力也会得以提升。

勇敢地跨出第一步

在一堂人生课上，哈佛大学的教授曾引用黑人领袖马丁·路德·金的一句名言——“只要踏出第一步就好”，来教导学子们要有勇于冒险的精神，走出人生的困境，打开更广阔的人生视野。马丁·路德·金正是这样的一个人，他敢于跨出黑人解放的第一步，所以才能取得最后的胜利。事实是，很多时候，只要我们勇敢地跨出第一步，那些看上去不可克服的困难就会变得容易应对，我们就能取得最终的成功。

人生可供选择的道路有很多，站在起点的分岔口，在抬起脚的那一刹那，我们却失去了勇气，不知前方会有怎样的陷阱，是失败还是成功，所以犹豫不决，迟迟不敢前进。可往往就是这一步或是一秒的迟疑，很多机会就会与我们擦肩而过。

所以，勇敢地跨出第一步是我们成功的关键。

哈佛大学的学子琼斯大学毕业后如愿考入当地的《明星报》任记者，这是他梦寐以求的职业，所以琼斯非常珍惜这份工作。崇尚完美主义的琼斯整日东奔西跑，他的报道总是最全面、最客观的。这天，他的上司交给他一个任务：采访大法官布兰代斯。

第一次接到这样重要的任务，琼斯不是欣喜若狂，而是愁眉苦脸。他想：自己任职的报纸又不是当地的一流大报，自己也只是一名刚刚出道、名不见经传的小记者，大法官布兰代斯怎么会接受我的采访呢？同事史蒂芬知道他的苦恼后，拍拍他的肩膀，说："我很理解你。让我来打个比方——这就好比躲在阴暗的房子里，然后想象外面的阳光多么的炽烈。其实，最简单有效的办法就是往外跨出第一步。"

史蒂芬拿起琼斯桌上的电话，查询布兰代斯办公室的电话。很快，他与大法官的秘书联系上了。接下来，史蒂芬直截了当地道出了他的要求："我是《明星报》新闻部记者琼斯，我奉命访问法官，不知他今天是否能接见我呢？"旁边的琼斯吓了一跳。

史蒂芬一边接电话，一边不忘抽空向目瞪口呆的琼斯扮个鬼脸。接着，琼斯听到了他的答话："谢谢你。明天下午1点15分，我准时到。"

"瞧，直接向人说出你的想法，不就管用了吗？"史蒂芬向琼斯扬扬话筒，"明天下午1点15分，你的约会定好了。"一直在旁边看着整个过程的琼斯面色缓和下来，似有所悟。

多年以后，昔日羞怯的琼斯已成为《明星报》的"台柱"。回顾此事，他仍觉得刻骨铭心："从那时起，我学会了单刀直入的办法，做来不易，但很有用。而且，第一次克服了心中的畏怯，下一次就容易多了。"

很多时候，事情并没有我们想象的那么难，当勇敢地迈出第一步后，我们便会迎来生命和事业的转机。没有什么比行动更能消除内心的恐惧，也没有比简单地、单刀直入地说出自己内心的想法更好的办法了。

每个人都有一双实现理想的翅膀，因此我们没有理由拒绝飞翔。我们需要做的，就是找到自己的翅膀，然后勇敢地跨出第一步，振翅而飞，飞向更广阔的天地。

哈佛精神修炼要点

在现实生活中，因为对可能面对的失败产生恐惧，很多孩子不敢表达自己的想法，甚至连第一步也不敢跨出，更别说付出切实的行动了。其实，大胆表达自己的想法，并没有那么难。

1. 一定要有自己的想法

只有有了想法，你才能向他人表达自己的观点，与他人辩论。当然，你最好在对自己的想法有一定把握的基础上再向他人寻求意见，不然漏洞太大，更会让你心生畏惧，以后就更难迈出这艰难的“第一步”了。

2. 学会微笑，能为自己加分

大部分人都知道笑能给人自信，它是医治信心不足的良药。真正的笑不仅能消除自己的不良情绪，还能马上化解别人的敌对情绪。如果你真诚地向人展露微笑，他人就会对你产生好感。这能为你的形象加分，同时也能降低失败的概率。

告诉自己，没有什么不可能

在那些拥有过人胆略的人眼中，没有什么事是不可能做到的。通常人们认为一件事无法做到，是因为他们还没有发现做这件事的方法和诀窍，所以，他们才会退缩，并为自己寻找借口：“这件事根本不可能做到！”这是胆怯和无能的表现。哈佛大学学子、“美国文明之父”爱默生说：“相信自己能，便会攻无不克。”是的，在做每一件事之前，你不妨告诉自己：没有什么不可能。也许，说一句“我能行”，你就真的行！

成功者从来不考虑失败，在他们的人生字典中从来没有“不可能”“我不行”“我不敢”“办不到”这样懦弱的字眼。因为他们始终相信，只要自己敢做，就没有什么不可能。作为一个有理想和抱负的人，我们一定要放弃“我不行”这种无能的心理定式，而要在“一定可以做到”的心理引导下，寻找到解决问题的最好方法。

在哈佛校园里，几乎每一个哈佛大学的学子都知道一个叫作乔治·赫伯特的著名推销员，因为他曾成功地把一把斧子推销给了当时的美国总统小布什，布鲁金斯学会便将刻有“最伟大推销员”的一只金靴子赠予他，以作奖励，乔治·赫伯特因此声名鹊起。事实上，这是这一奖项空置26年以后，又一名学员获此殊荣。

布鲁金斯学会创建于1927年，一向以培养世界上最杰出的推销员著称。该学会有这样一个传统，即在每期学员毕业时，都会设计一道最能体现推销员能力的实习题目，让学员去完成。在克林顿执政期间，他们出了这样一个题目：请把一条三角裤推销给现任总统。此后的八年间，无数个学员为此绞尽脑汁，然而，最后均无功而返。在克林顿卸任后，布鲁金斯学会把题目换成了：请把一把斧子推销给小布什总统。

有了前八年的失败和教训，很多学员都认为这个题目太难，甚至有人认为，这道题目将会像克林顿执政期间的那道题一样不了了之。他们这样认为也是有道理的，因为现任总统根本什么都不缺，即使缺少什么，也会有人立即代为购买，即便是总统会亲自购买，推销员也不可能正好赶上那个时候。

不过，有一位学员却不这么想，他认为这个题目完全可以完成，并且没花多少时间，他真的做到了，他就是乔治·赫伯特。当记者前去采访他的时候，他这样告诉记者：“我认为，把一把斧子推销给小布什总统是完全可能的，因为，布什总统在得克萨斯州有一个农场，那里长着许多树。于是我给他写了一封信，说：有一次，我有幸参观了您的农场，发现那里长着许多矢菊树，有些已经死掉，木质已变得松软。我想，您一定需要一把小斧头，但从您现在的体质来看，这种小斧头显然太轻，因此您仍然需要一把不甚锋利的老斧头。现在我这儿正好有一把这样的斧头，它是我祖父留给我的，很适合砍伐枯树。假若您有兴趣的话，按这封信所留的信箱，给予回复……最后他就给我汇来了15美元。”

针对乔治·赫伯特的成功，布鲁金斯学会这样说道：“自从1975年该学会的一名学员成功地将一台微型录音机推销给尼克松后，金靴子奖已经空置了26年。在这26年间，布鲁金斯学会培养了数以万计的推销员，造就了数以百计的百万富翁。这只金靴子之所以没有授予他们，是因为我们一直想寻找这么一个人，这个人从不因有人说某一目标不能实现而放弃，从不因某件事情难以办到而失去自信。”

人生在世，我们需要与无数的“不可能”迎面相逢，与无数的“我不行”打交道。一个拥有冒险精神的男孩，不应该被一时的怯懦、退缩打败，一遍遍告诉自己“办不到”，不敢前行。

哈佛教授告诉我们：只要不放弃，就没有什么不可能。我们需要做的，就是永不失去对自我的信心和对未知的希望，要有勇敢一搏的精神。

哈佛精神修炼要点

只有无能的人才会推说“这件事绝不可能”，所以，成功并不是为他们准备的。

那么，我们应该如何做呢？

1. 心理暗示——我一定可以

当我们面对一件看起来很难办到的事时，我们要赋予自己“一定可以”的心理标签，同时做到不为他人和外部环境所影响。爱迪生在发明电灯之前，就受到很多人的嘲笑和讽刺，认为他简直是异想天开，不过爱迪生却坚持认为“这件事一定可以”。最终，爱迪生成功了。可见，只有那些认为“一定可以”的人才有可能成功；而认为“这件事绝不可能”的人，则一定不会成功。

2. 思考和实践必不可少

当面对一件很难办到的事时，拥有坚定的态度固然是重要的，但最重要的是寻找解决方法和付诸实践，在这个过程中，不可退缩和放弃。寻找一件事情的解决方法，最好是以结果为导向，其中思考和实践是必不可少的。

精英养成语录

所谓活着的人，就是不断挑战的人，不断攀登命运险峰的人。

——雨果

机会属于敢冒险的人

很多时候，在我们看来似乎闯不过去的难关，并没有那么可怕。只要你全力以赴往前冲，敢于冒险，就可以成功地迈过那道坎，得到命运之神的眷顾。哈佛心理学家通过一个宽30厘米、长10厘米的木板告诉我们：我们常常会在心中进行自我暗示，为高空所迷惑，产生“我会掉下去”的暗示。然后，你就真的掉下去了。其实，你需要的，只是敢于冒险的勇气。

面对人生中的一些风险，有人或许会战战兢兢，甚至不由自主地退避，而那些敢于冒险的人却勇于迎面直上，他们也因此收获了难得的成功。

为了使学生们明白“冒险精神”的重要性，哈佛大学的教授们喜欢给他们讲这样一个有趣的故事：

在一家效益不错的公司里，有一天，总经理突然警告全体员工：“谁也不准走进8楼那个没挂门牌的房间。”不过他并没有解释为什么要制订这一条规定。

不过，在这家公司里，所有的员工都习惯了服从，所以，大家都牢牢记住了领导的吩咐，谁也不进那个房间。

过了一段时间，公司招进了一批年轻人。同样，在员工培训大会上，总经理再次重复了他那个规定："谁也不准进入8楼那个没挂门牌的房间。"这时候，下面有一个年轻人小声地嘀咕了一句："为什么？"

总经理有意无意地看了他一眼，一脸严肃地回答："没有为什么！"

不过这个年轻人仍然控制不住自己的好奇心，当他回到座位上后，脑子里仍然不断闪现出那个神秘的房间：这个房间既非公司的办公用房，也不是公司的机密文件存放地，为什么要制订这样一条奇怪的规定呢？年轻人决定亲自去看看到底是怎么回事。

关系好的同事纷纷劝他不要冒这个险，否则总经理不会给他什么好果子吃的，万一被炒鱿鱼那就糟了。

不过，这个年轻人却是个犟脾气，执意要去一探究竟。

他来到8楼，轻轻地叩了叩门，不过没人应声，于是，他随手一推，门竟然开了。年轻人环视了一下整个房间，不大的房间里只有一张桌子，非常醒目。年轻人留意到桌子上有一张纸条，上面写着几个红色的字："把这张纸条给总经理。"

年轻人感到有些失望，不过既然发现了这张纸条，不如做到底，于是，他拿着纸条来到总经理的办公室。

年轻人的同事们都以为他要被炒鱿鱼了，可是，很快便得知，这个年轻人不仅没有被辞退，反而被任命为公司的销售部经理。

后来，总经理对大家解释道："销售工作最考验的是人的创造力，只有不被条条框框限制的人才能胜任这一职位。"

从此，小伙子便担任了销售经理这一职位，并且他后来的表现的确没让总经理失望。

不可遏制的好奇心和冒险精神，

能令一个人获得常人难以企及的成功

故事中的小伙子敢于冒险，勇敢地进入了那间被营造得十分“神秘”的房间，成功地通过了公司的考验，走上了通往成功的路。

其实，在这个世界上，我们常常会遇到这样神秘的“门”。我们敢不敢轻轻推开它一探究竟，往往就决定了我们能否从此改变自己的人生轨迹。真正有梦想的男孩，会做人生的冒险家，勇敢地推开每一扇看上去“神秘”的“门”，勇敢地接受未知世界的挑战。

是的，机会属于敢冒险的人。

哈佛精神修炼要点

男孩们应该如何让自己更具有冒险精神呢?

1. 平时要积极研究身边的一切事物

譬如我们平时发现了什么奇怪的现象，就要尽可能地去探知真相。这种对周围环境充满好奇和积极探索的精神是极为可贵的，不仅能够提高我们的注意力和认知力，还能培养我们的冒险精神。

2. 多尝试“第一次”，以增强自信心

多尝试“第一次”，比如第一次遛狗、第一次抓住一只蚱蜢等。每一个勇于尝试的男孩往往都能铸造独立坚强的个性，并对新奇事物充满冒险精神。

3. 尽可能地开阔自己的视野

譬如去更远的地方旅游和探亲，到其他民族地区感受一下不一样的风土人情，领略一番异域风光，这些都有利于我们开阔自己的视野，培养敢于冒险的精神。

多虑是人生的拦路虎

在生活中，我们经常发现，那些畏首畏尾、犹豫多虑的人常常与机会失之交臂，一次次陷入失败的泥淖之中。哈佛的教授们就常常善意地提醒学生："心存顾虑的人，往往无法集中注意力，更无法专心做好一件事，这显然是不可取的。"无谓的顾虑和担忧是人生路上的拦路虎，我们应该学会放下那些无谓的担心，专心致志地投入到每一件事之中。

事实上，那些让我们陷入痛苦泥淖的忧虑和担心，其理由如果说出来，竟然是那么可笑，譬如很多人担心别人会对自己不满意，但多数情况下他人根本就没有注意到你。而且，我们的这种担心是导致我们生活不顺利的重要原因。我们担心一件事，非但没有让事情向好的方向发展，反而令事情的结果更糟。

有一位非常聪明、能干的男士，今年55岁了，他的妻子不幸去世了，他的公司也因经营不善而倒闭。因为没有投足够多的保险，这位男士非常担心以后的生活，他希望能够找到一份工作，不过因为年龄的问题，他非常自卑。于是，这位男士便向心理咨询顾问史华兹博士请教。

毕业于哈佛大学的史华兹博士是一位非常热心的人，很快，他就帮助这位男士找到了一份广告方面的工作。这份工作很体面，该男士也觉得很满意。不过，工作了一段时间之后，他却向史华兹博士表示了自己的担心："史华兹博士，我非常喜欢这份工作，可是我要怎样才能做好它呢？我害怕失去这份工作。"由于过分担心，他甚至抽噎起来。

史华兹博士一边安慰他，一边询问他遇到什么麻烦了。

男士解释道："跟我一起工作的还有两位男士，他们比我年轻多了。不过，我可以很明显地感到他们不想让我继续干下去，甚至千方百计地打击我，想要赶我走。博士，你说，我该做点什么呢？"

史华兹博士考虑了下，问他道："你觉得自己的工作做得是不是很好呢？"

男士很自信地回答："是的，每一项工作我都做得非常好，甚至连很小的差错都没有。"

史华兹又问道："那么，你觉得你的老板是不是一个愚蠢的人呢？"

这个问题让男士感到有些惶恐，不过，很快他就含笑承认这位老板似乎是一个非常聪明的人，而且处理问题很公正，也很明智。

"所以，"史华兹说道，"你根本一点儿都不用担心会失去自己的工作，你只需要继续好好工作，把自己出色的一面表现出来就行了。"

"可是万一我被辞退了呢？"男士还是很担心。

史华兹向他解释道："如果你的工作已经做得非常完美了，但那些从不认真工作甚至表现得卑鄙龌龊的人却能使老板相信你应该离职，那么，这时你再为这样的老板工作就表示你是一个愚蠢的人。你应该相信一个明智的决策者的心里非常清楚哪些是卖力工作的人，哪些是挑拨离间的人。”

男士终于不再担心了。

事实证明，这位老板的确是一个非常明智的人，那两个挑拨离间的人很快就受到了处分。

请记住一句话：心无旁骛、专心致志是做好一件事的关键。如果我们因为一些不必要的顾虑而停下自己的脚步或在原地徘徊，就在心理层面上输给了自己，更别说勇往直前，开创一个绚丽多姿的人生了。

哈佛精神修炼要点

为了使自己更具冒险精神，男孩们应该如何丢掉那些无谓的担心呢？

1. 学会专注于眼前的事

有这样一条重要的法则，那就是：不要去看远处模糊的事物，而要去做手边清楚的事。其实就是做好手头的事，头脑里不再考虑明天，也不再考虑昨天，只考虑今天，只想着今天我该做什么、今天我要达到一个怎样的目标。

2. 把准备和计划留给明天

明天的事我们注定将要面对，难道就不做任何准备吗？当然不是，我们需要为明天着想，为明天进行考虑、计划和准备。但是，我们不用盲目担心，而应循序渐进地去做，因为那些凭空的担心是无用的。

没有风险，就没有机遇

在哈佛大学里流传着这样一句话："美国华尔街证券交易所中最好的经纪人，往往不是学金融的，而是那些曾经做过运动员的人，因为他们更具有冒险精神。"事实上，无论是创业还是创新，要想在新世纪里生存，首先必须具备的就是勇敢的冒险精神。这种精神对于一个未来想创业、想获得成功的男孩来说，是必须具备的。

我们都知道，做任何一件事，或多或少都会存在一定的风险。妄想进行没有风险的冒险，只是痴人说梦，更是软弱的表现。敢于面对风险，才能抓住机遇；或者说，没有风险，就没有机遇。如果我们认定了一件事，就需要有勇气承受风险和接受可能失败的事实。直面风险，笑对失败，这也是一种冒险精神。

1752年7月的一天，在北美洲的费城，天色阴暗，乌云滚滚。天空中不时闪烁着青白色的电光，传来一阵阵沉闷的雷声，眼看一场可怕的大雷雨就要来临了。富兰克林和他的儿子威廉带着风筝和莱顿瓶

（一种可充放电的容器），奔向郊外田野里的一间草棚，做起他们的实验。

这可不是一只普通的风筝：它是用丝绸做成的，在它的顶端绑了一根尖细的金属丝，作为吸引闪电的“接收器”；金属丝连着放风筝用的细绳，这样细绳被雨水打湿后，也就成了导线；细绳的另一端系上绸带，作为绝缘体（要干燥）以避免实验者触电；在绸带和绳子之间，挂有一把钥匙，作为电极。

富兰克林和他的儿子连忙乘着风势，将风筝放上了天。父子俩躲在草棚的屋檐下，手中紧握着没有被雨水淋湿的绸带，目不转睛地观察着风筝的动静。突然，天空中掠过一道耀眼的闪电，富兰克林发现，风筝引绳上的纤维丝一下子竖立起来，这说明雷电已经通过风筝和引绳传导下来了。“这果然是电！”富兰克林兴奋地叫了起来。

“把莱顿瓶拿过来。”富兰克林对威廉喊道。他连忙把引绳上的钥匙和莱顿瓶连接起来。莱顿瓶上电火花闪烁，这说明莱顿瓶充电了。事后，富兰克林用莱顿瓶收集的雷电做了一系列的实验，进一步证实了雷电与普通电完全相同。富兰克林的这一风筝实验，彻底地击碎了闪电是“上帝之火”“煤气爆炸”等流行的说法，使人们真正认识到雷电的本质。因此，人们说：“富兰克林把上帝与闪电分了家。”

富兰克林的风筝实验并不是一时冲动所做的。在此之前，他做了很多研究，在做好各种准备的情况下，他才冒着危险，做了风筝实验。富兰克林从风筝实验中，不但了解了雷电的性质，而且证实：雷电是可以从天空“走”下来的。“高大建筑物常常遭到雷击，能不能给雷电搭一个梯子，让它乖乖地‘走’下来呢？”富兰克林决定发明一种避免雷击的装置。

经过不断具有风险的实验，富兰克林终于发明了避雷针。此后，避雷针的作用不断被人们认识，避雷针也被广泛使用。到1784年，全欧洲的高楼顶上都安装了避雷针。

富兰克林敢于面对被电到的风险，通过无数次的尝试，最终发明了避雷针。但在现实生活中，大多数人都会被“风险”二字吓倒，畏缩在冒险的大门前，迟迟不肯进去。男孩们，我们有什么样的选择，就有什么样的结果。敢于冒险的人、敢于承担风险的人，一定会得到命运的垂青。

哈佛精神修炼要点

男孩们应该如何认识和面对人生中的诸多风险呢?

1. 认识到风险无处不在

我们要认识到，人生中做任何事都存在风险，不管我们是害怕还是厌恶它们，都不可能令它们消失，所以，不如正视它们，以平常心面对它们。

2. 做到理性与客观

我们要学会与风险搏斗，就要靠自己的智慧，而非蛮干。所谓“知己知彼，百战不殆”，面对风险，我们应当理性客观地分析，有步骤、有策略、有目标地化解风险。

从最害怕的事做起

当你害怕某个事物或者某件事时，往往并不是因为它本身有多么可怕，而是你在心理上无意识地为这件事贴上了“可怕”的标签。哈佛大学的学子告诉你：能撕下这个标签的唯一方法，便是去接近它，去做这件事。当你成功地征服了这件“世上最可怕的事”后，你就会发现原来世上并没有什么事是值得害怕的。

害怕，是每个人心中的魔鬼，是人生路上可怕的绊脚石。如果我们放任不理，没有战胜它的勇气，那么我们就是生活的弱者。遇上害怕的事，我们只要敢于试一试，就会觉得并没有什么，它也没有原先想象中那么可怕。

其实，每当我们发现自己总是在回避自己所害怕做的事时，我们可以这样问问自己：“如果我真的去试一试这些害怕做的事，最坏的结果会是什么呢？”也许我们会发现，其实最坏的结果并没有想象中可怕。

小詹姆斯是一个内向的美国男孩，从小他就沉默寡言，不喜欢和其他小朋友交往，这令他非常苦恼，看到其他小朋友都在一起聊天嬉戏，他别提多羡慕了。可是，每当他想向其他小朋友说什么时，他的话就噎在喉咙里说不出来，他觉得非常害怕，他害怕自己的话令他人讨厌，更害怕自己被他人拒绝。所以，小詹姆斯变得越来越孤僻了。

小詹姆斯的爸爸是一位优秀的美国教师，看着沉默寡言的儿子，他心里也非常着急。这一天，他找到儿子，问道："儿子，你最害怕的是什么事？"小詹姆斯回答："我最害怕在众人面前说话。"爸爸说道："好，那你就去做这件事，只要你能战胜最令你感到可怕的事，你就会变成世界上最勇敢的人，世上任何可怕的事对你来说都将变得微不足道。"

小詹姆斯有点将信将疑，不过爸爸的鼓励给了他很大的勇气。

他把所有的邻居都叫来，有点支吾地对大家说："我……我想给大家讲个笑话……"大家都很奇怪地望着这个几乎从不开口讲话的男孩，现场一下子变得非常安静。此刻，小詹姆斯非常紧张，不过他仍然鼓起勇气讲了一个关于一只肥胖企鹅的故事。

笑话讲完了，但最令人担心的事发生了——这本来是一个非常滑稽的笑话，不过通过小詹姆斯由于紧张而变得异常奇怪的声音讲出来，却显得一点都不可笑，现场变得更加安静了。

在这种可怕的氛围中，小詹姆斯心跳得非常厉害，他早就知道自己一定不会成功的。正在这时，小詹姆斯不小心踩到一块光滑的石头，一下滑倒在地，他扭动着胖胖的身体，手舞足蹈着，挣扎着想爬起来，那情形活像一只胖企鹅，看起来非常滑稽。

这时，人们都友好地大笑起来，纷纷赞赏小詹姆斯很有表演天分，虽然他的笑话讲得并不算成功，但是他的"表演"精神得到了人们的认可。

小詹姆斯也跟着人们大笑起来。从此以后，小詹姆斯再也不怕在众人面前讲话了，无论走到哪里，他都是最受欢迎的人。

亲爱的男孩子，如果你希望自己能够在人生的舞台上充满自信，就从自己最害怕的事做起，一步步战胜自己，消除心中的恐惧吧！

哈佛精神修炼要点

最令你感到害怕的是什么呢？像狗一样凶猛的动物，还是像游泳一样有潜在风险的运动？其实，这些都不可怕，你只要按照如下步骤来做，就能消除心中的恐惧。

1. 以最安全的方式去近距离地接近这些事物

如果你害怕狗，那么，你可以去动物园参观藏獒——这一世界上最凶猛的犬科动物，可比家中豢养的普通犬类凶猛多了。可是，当你近距离地观察它们时，你会发现最凶猛的动物也有非常温情的一面，甚至可以和人类成为很好的朋友。

2. 先尝试，而后由浅入深

如果你害怕游泳，那么，不妨带着救生圈去游泳馆试试水吧。先在爸爸妈妈的陪伴下，在浅水区尝试一些简单的游泳动作，当你熟悉了水中的环境后，你就会发现游泳其实是充满乐趣的一件事。这时，你可以继续尝试一些稍微复杂的游泳动作，这样，由浅入深，直到学会游泳，你就会觉得水是多么平和的事物了。我们人体的80%都是水分，甚至可以说，人就是“水做的”，想到这里，你还会怕水吗？

◆ 在做一件事时，我们真正需要思考和准备的是：将做这件事的过程中可能遭遇到的困难和危险系数降到最低，以使我们能够更加顺利地完成这件事。

◆ 人的一生，处处都存在危险因素，我们不要奢望能够逃避或远离这些危险，我们需要做的，是小心谨慎并充满智慧地应对每一件事，勇敢地迎接生命中的每一场考验。

◆ 不要害怕失败，不要停止尝试，即便遭遇一次比一次严重的打击，也要不断努力。因为只有努力了，才会有希望！

◆ 只要不放弃，就没有什么不可能。我们需要做的，就是永不失去对自我的信心和对未知的展望，要有勇敢一搏的精神。

◆ 无谓的顾虑和担忧是人生路上的拦路虎，我们应该学会放下那些无谓的担心，专心致志地投入到每一件事之中。

哈佛勇敢品格

帮 男 孩 直 面 挑 战 ， 超 越 自 我

对每一个男孩来说，勇敢是他们从小就应该培养的优秀品格。很多时候，坚持和放弃只在一念之间，他们离成功往往只有一步之遥。梦想不是空想，倘若没有勇气为之坚持，结果只能是失败。你想要成为一个顶天立地、有魄力的男子汉吗？那就先从勇敢做起吧。

追求梦想需要勇气

追求梦想需要勇气，我们需要修炼出一双“隐形的翅膀”，让勇敢无畏为我们导航，用心中的信念为我们开路。每一个哈佛大学的学子都有一个信念：“在这个世界上，只要勇敢去做，即便是遍体鳞伤、一无所获，你也能收获精神上的富足。”

在人生旅途中，你总会碰到各种各样的困难，对梦想的追求也不例外。当有人对你说“你不行”“不要做白日梦了”时，你会做何选择？是越挫越勇，还是退缩放弃？

哈佛大学的学子们都知道：一个人要实现自己的梦想，最重要的是具备以下两个条件——勇气和行动。勇气是梦想的开始，行动是实现梦想的过程。如果连追求的勇气都没有，梦想就永远都不可能实现。

1943年，第二次世界大战进入最为激烈的阶段，即便是在牛津大学的校园里也到处弥漫着战争的气息。一些学生甚至放下学习任务，参加为打败法西斯德国而举办的各种神秘活动。

面对这样严峻的形势，仍然有人希望到牛津大学学习，他就是艾伦。

那时，艾伦才17岁。一天，他来到女校长古利斯小姐的办公室，对校长说：“校长，我想考牛津大学的萨默维尔学院。”

听到学生讲出这样的话，这位女校长不由得皱起了眉头：“你说什么，你不知道现在英国正在打仗吗？并且你连一节拉丁语课都没有上过，怎么可能去考牛津大学呢？”

艾伦语气非常坚定：“拉丁语我可以现在就去学，对于我来说，这不是什么大的问题。”

校长仍然语重心长地劝他道：“亲爱的艾伦，你现在才17岁，并且还有一年的学业需要完成，这件事还是等你毕业之后再考虑吧。”

不过艾伦仍然不肯放弃：“我想我可以申请跳级。”

听到这里，校长嘲笑道：“这是不可能的，你肯定办不到。”

艾伦看着校长微微上扬的嘴角，感到非常生气，他冲校长大声说道：“校长，你这是在阻挠我的梦想！我不会放弃的，我一定要考到牛津大学去。”

艾伦冲出了校长办公室，重重的脚步声在教学楼里回荡。

艾伦把自己的想法告诉了自己的父亲。起初父亲并不同意，不过在艾伦反复解释之后，父亲最终选择了支持他。获得了父亲的支持，艾伦立即开始备考，他每天都在紧张地学习和复习课程，付出了常人难以想象的努力。

可是他应该报考什么科目呢？艾伦想到了自己的化学老师，在他的整个学习生涯中，这位化学老师对他的影响可以说是最大的了，因此他从小就对化学充满了兴趣。于是，艾伦决定报考化学专业。

他的努力没有白费，几个月后他不仅拿到了高年级学校的毕业证书，还顺利参加了大学考试。之后，他便如愿拿到了牛津大学的入学通知书。

当艾伦把牛津大学的入学通知书摆在校长桌子上时，校长满脸通红，羞得说不出话来！

追逐梦想是需要勇气的。哈佛大学的学子们知道：成功的人能把梦想变成理想，最终通过努力，变成现实；而平凡的人却在犹豫和胆怯间把曾经的理想变为空想，最终只是梦一场。在这之间，差的不只是天赋、实力和机遇，更多的是百折不挠的坚持和努力追求的勇气。

男孩们，你们要如何面对自己心中的梦想？是想将它变成理想，还是无奈地让它变为空想？不妨从今天开始，做一个勇敢追梦的男孩，一步步开创美好的人生。

哈佛精神修炼要点

在追求梦想的道路上，我们必须每一步都勇往直前，毫无悔意。

1. 永远不要低估自己的实力

很多时候，我们并不是天生就比其他人差，只不过是比他人少了几分自信。自我低估会让我们陷入自我矮化的窘境之中，更别提对目标的追求了。

2. 学会勇敢地采取行动

在充满自信的前提下，实现目标的关键就在于积极采取行动。只空想而不去行动，到头来只会一事无成。

坚持，只是一念之间的勇气

在哈佛的校园中，一直流传着这样一句经典的格言：“在绝望的时候再坚持一下，你将会看到更美丽的彩虹。”在遇到难题的时候，哈佛大学的学子们都会先鼓励自己一下，暗示自己一定要走下去。很多伟大的人在成名之前都经历过漫长而绝望的黑夜，你也逃脱不了这个定律。但是，只要坚持自己的信念，不放弃，你就能将黑夜变成白日。

在生活中，我们常常听到这样令人丧气的话：“太难了，我真的坚持不下去了。”或者是：“大家都不看好，我还坚持下去有什么意义呢？”很多人经常把“绝望”和“放弃”挂在嘴边，每每遇到要坚持的事情时，就主动暗示自己应该放弃。其实，这种行为是不可取的，对于自身成长也是极为不利的。

事情没有我们想的那么糟，生活也不是不给我们机会。哈佛大学的学子们深信这样一个道理：“每个人生来都有用。”我们不要自怨自艾，对生活失去信心。要知道，只要有勇气去坚持，生活就会带给我们惊喜。

在哈佛课堂上，一位教授讲过一个绰号叫“斯帕奇”的小男孩的人生故事：

在读小学时，斯帕奇的各门功课常常亮红灯。到了中学，他的物理成绩通常都是零分，他成了所在学校有史以来物理成绩最糟糕的学生。在外人看来，他在学校里的日子应该是难以忍受的。

在拉丁语、代数以及英语等科目上的表现，他也同样惨不忍睹，体育也好不到哪里去。他参加了学校的高尔夫球队，但在赛季唯一的一次重要比赛中，他输得同样很惨。就是在随后为失败者举行的安慰赛中，他的表现也一塌糊涂。

斯帕奇在他的成长阶段，表现得笨嘴拙舌，社交场合也从来不见他的人影，不是说人们都不喜欢或讨厌他，而是在所有人眼里，他这个人压根儿就不存在。如果有哪位同学在学校外主动向他问候一声，他会受宠若惊并感动不已。所以斯帕奇跟女孩子约会时该是怎样的情形，大概只有天才晓得。因为他太害羞了，所以从来没有邀请过哪个女孩子一起出去玩过，他怕被拒绝。

这样看来，他真的是个名副其实的、无可救药的失败者。不仅他本人很清楚这一点，而且每个认识他的人也都知道这一点，然而他对自己的表现似乎并不十分在乎。从小到大，他只在乎一件事情——画画。

他深信自己拥有不凡的画画才能，并对自己的作品深感自豪。但是，除他本人以外，他的那些涂鸦之作从来没有人看得上眼。上中学时，他向毕业年刊的编辑提交了几幅漫画，但最终一幅也没被采纳。尽管有多次被退稿的痛苦经历，但斯帕奇从未对自己的画画才能失去信心，他决心要成为一名职业漫画家。

在中学毕业那年，斯帕奇向当时的沃尔特·迪士尼公司写了一封自荐信。该公司让他把自己的漫画作品寄过去看看，同时规定了漫画的主题。于是，斯帕奇开始为自己的前途奋斗。他投入了巨大的精力与非常多的时间，以一丝不苟的态度完成了许多幅漫画。然而，漫画作品寄出后却石沉大海，最终迪士尼公司没有录用他——失败者再一次遭遇了失败。

生活对斯帕奇来说只有黑夜。走投无路之际，他尝试着用画笔来描绘自己平淡无奇的人生经历。他以漫画语言讲述了自己灰暗的童年、不争气的青少年时光——一个学业糟糕的不及格生，一个屡遭退稿的所谓“艺术家”，一个没人注意的失败者。他的画也融入了自己多年来对画画的执着追求和对生活的真实体验。

连他自己都没想到，他所塑造的漫画角色一炮而红，连环漫画《花生》很快就风靡全世界。从他的画笔下走出了一个名叫查理·布朗的小男孩，这也是一名失败者：他的风筝从来就没有飞起来过，他也从来没踢好过一场足球赛，他的朋友一向叫他“木头脑袋”。

熟悉小男孩斯帕奇的人都知道，这正是漫画作者本人——日后成为大名鼎鼎的漫画家的查尔斯·舒尔茨——早年平庸生活的真实写照。

可以说，斯帕奇人生的前半部分是灰暗而平庸的。在现实生活中，大多数青少年的人生轨迹也是平庸的甚至可能是失败的，但是，作为一名男子汉，我们不要气馁，更不要绝望，而应有坚持的勇气，找到自己所爱的事，学会对每一个困境说“不”。

哈佛精神修炼要点

面对梦想能够坚持不懈，是成功必不可少的条件。那么，我们该如何做到坚持不懈呢？

1. 要树立必胜的信念

无论在什么情况下，哪怕是受到致命的打击，我们都应该坚定信心，不气馁，不放弃，坚信最后的成功一定会属于自己。

2. 要学会自我安慰

面对暂时的失败，我们要学会自我安慰，努力恢复心理平衡，学会减轻甚至消除挫败感。

3. 要学会自我疏导

遇到困难和挫折时，我们要学会自我疏导，将消极情绪转化为积极情绪，增加战胜挫折和失败的勇气，切不可“坐以待毙”。

精英养成语录

生命里最重要的事情是要有个远大的目标，并借助才能与坚毅来完成它。

——歌德

眼泪永远是弱者的表现

哈佛大学的一位教授说："生活不需要眼泪，因为它会淋湿你的未来。"是的，哭泣是一种无奈的表现，在本质上它根本解决不了任何问题，反而会让你陷入一种毫无意义的恶性循环之中。所以，每当遇到挫折时，请不要哭泣。

我们需要记住的是，流眼泪永远是弱者的表现，它只会放大你的无能，使你忽略最本质的东西。在遇到难题或跨不过去的坎时，一味哭泣，还不如勇敢地站起来，认清问题的关键，努力找出解决问题的方法。

生活不相信眼泪。拒绝眼泪，就是讨厌懦弱，而喜欢哭泣，就是对自己失去信心；拒绝眼泪，就是挑战生活，而喜欢哭泣，就是接受了失败；拒绝眼泪，就是挥洒勇气，而喜欢哭泣，就是喜欢生活在后悔当中。你做出什么样的选择就决定了你今后的人生走向是怎样的。

许多哈佛大学的学子都听说过世界著名高尔夫球运动员泰格·伍兹的故事，并从其人生经历中获益匪浅：

泰格·伍兹是加利福尼亚人，从小在洛杉矶长大。他在高尔夫球上颇有天赋，被称为史上最成功的高尔夫球手之一。伍兹的成功很大程度上要归功于他的父亲，他在7岁时遇到的一件事，影响了他的一生。成年后的伍兹，每每想起此事都会感激他的父亲！

那一天，他的父亲因为一件事，狠狠地打了他一顿。他躲在墙角抽泣不已，他认为自己受到了不公正的待遇，任人怎么劝都不肯停止哭泣。母亲在一旁心疼地看着自己的儿子，眼泪不时地流出来！

这时，他的父亲走上去，对他说了这样一番话："孩子，如果你认为爸爸打你是对的，那哭有什么意义呢？是在表示你的委屈吗？不是的，你应该去研究一下自己挨打的原因，避免以后再次挨打。如果你认为爸爸打你是错的，那哭泣更没有意义，你完全可以告诉爸爸打错了，以免日后再错打你。"

伍兹静静地听着父亲的话，他决定不再哭泣，并站起来向父亲认了错。自此，伍兹深刻认识到，哭泣是一种无奈的表现，更是一种懦弱的表现，它不仅解决不了任何问题，还会让人陷入一种毫无意义的恶性循环中。之后，伍兹得出了一个结论，那就是：无论遇到什么事都不要哭泣，因为哭泣除了会摧毁人的理智，毫无益处！

迷恋上高尔夫球后，伍兹从球童做起，一步步踏上事业的顶峰！奋斗当中，他不免要遇到很多困难、迷惑，但他总会告诉自己：眼泪是无法信任的！

天赋极高的伍兹在高尔夫球场上，演绎了一个个传奇故事！他迷人的微笑、他精湛的球技，让世界人民爱上了高尔夫球，爱上了泰格·伍兹。他3岁时就击出了9洞48杆的成绩，5岁时就上了《高尔夫文摘》杂志；他在18岁时成了最年轻的美国业余比赛冠军，然后又史无前例地在1994年、1995年和1996年完成了该赛事的帽子戏法；他在结婚前至少拥有两项世界第一——连续334周排名职业高尔夫世界第一，世界第一有钱的单身男体育明星。

很多年前，被迫离开故乡的匈牙利著名作家雅歌塔·克里斯多夫用不熟悉的法语写下了这句话：“流泪并不能解决任何问题。”也就是这样一句简单的法语，促使其写成了一本《恶童日记》，震撼了世界文坛。不哭泣，是强者的标签，更是勇敢的表现。我们需要明白的是：无论怎样，问题永远都在那里，不会因为你的几滴眼泪就自动消失。

勇敢的男孩，懂得在困境面前擦干眼泪，坚强面对。因为他们知道，生活不同情弱者，唯有强者才会得到它的青睐和偏爱。

哈佛精神修炼要点

那么，男孩子该如何做到勇敢呢？

1. 认识到困难的客观性

你要明白这样一个事实：不管你接受与否，险峻的高山一直在你的面前，丝毫不动，不会因为你的软弱而怜悯你半分。所以，男孩子应该勇敢一点，千万不要胆怯。

2. 学会直面眼前的挫折

哪怕站在人群之中，面对众多嘲笑的目光，你也要勇敢地站起来。你必须要明白，挫折是你自己该面对的，除了些许的安慰，别人给不了你任何帮助。

3. 冷静分析同样重要

擦完眼泪，你要做的，便是认真、仔细地分析自身的处境，并付诸行动。

看淡得失，不抱怨也是一种勇敢

在生活中，我们常常发现，优秀的人都是不抱怨的人。他们总是会把消极的想法从自己内心扫除殆尽，让自己的内心充满阳光、充满希望。哈佛大学的一条名言中，就特别强调了阳光心态的重要性："成功只垂青积极主动的人，只要你敢于担当，勇于接受挑战，任何艰难险阻都会变成坦途。"是的，积极一点，不抱怨是一种智慧，更是一种难得的勇敢。

人这一辈子，机遇难同，因缘各异，一帆风顺也好，跌宕起伏也罢，抑或平淡普通，都是自己的命运。那些走过的、偶遇的、相逢的、别离的，都是唯一。无论处于何种境地，都不要抱怨世态，而要始终热爱生活。

不贪，欲念就少；不嗔，心就易平；不求，就常知足。看淡得与失，人生才能走得更远。

罗伊家刚搬到一个新镇子，当焊接工的爸爸就丢了工作，爸爸很卖力地四处求职，妈妈则想方设法填饱三个孩子的肚子。很快，父母的积蓄用光了。当陷入绝望时，一位附近的农民将他地里的土豆免费供应给罗伊他们。于是，他们一日三餐吃的都是土豆：早晨煎土豆，中午烤土豆，晚上土豆泥。几周过去了，爸爸仍然失业，进餐时的气氛也越来越沉闷阴郁。

一天早饭后，爸爸推开椅子，大步流星地走了出去。罗伊尾随其后，看见他钻进汽车，在所有的座椅下面翻找了一遍。他弄到数枚硬币，放进口袋，对罗伊说："告诉你妈我要进城一趟，晚饭前回来。"

他要干什么？罗伊很是纳闷。爸爸回来时，紧握着一个棕色的小口袋。他对妈妈耳语了几句，妈妈就发着嘘声把他们赶出了厨房。"我们要吃一顿特别的大餐来庆祝。"爸爸宣布说。"庆祝什么？"罗伊问。我们还能有什么值得高兴的事吗？爸爸的工作要是有了眉目，他肯定会告诉我们的。罗伊这样暗自想道。

"生活，罗伊。我们要庆祝生活。目前，情况可能很艰难，但是我想，只要我们怀着信心和希望，努力坚持下去，就一定能渡过难关的。上帝一直在保佑我们。"不久，妈妈隆重地端出了晚餐。只见盘子里盛着一堆五颜六色的东西，粉的、绿的、蓝的、橙的……天哪！这是什么啊？等到罗伊迫不及待、狼吞虎咽地吃下第一口后，他就明白了：是土豆泥。虽然如此，由于有了这么多绚烂的颜色，腻味的土豆泥吃起来也格外有趣。哥哥、姐姐和罗伊都边吃边咯咯地笑，长久以来笼罩在餐桌上的阴沉的气氛也立刻烟消云散了。

几周后，爸爸找到了工作，他们高高兴兴地摆脱了"土豆大餐"。那天，爸爸用硬币买来的只是食用色素，然而他带来的色彩却使他们的餐桌为之一亮，而他的人生哲学也从此点亮了罗伊的生活。现在，每当遭逢困境，罗伊都会做上一盘彩色的土豆泥，它能唤起他生活的信心和勇气，并提醒他今天的生活是多么幸福。

生活中，人们总是在期望只有得到而没有失去，或者哀叹命运的不公，久而久之，渐渐变得消极被动，没有勇气面对生活。殊不知，俗语已有“有得必有失”之说。我们不能逃避失去，也不应该逃避失去，而应该在得失之间保持一种平和的心态。

男孩们，我们只有看淡得失，不轻易抱怨，才能超越于得失之上。不抱怨，是一种勇敢的表现，而且有助于铸就强大的内心。

哈佛精神修炼要点

男孩子需要有直面人生所有困难的勇气，但同时也要有一颗看淡得失的强大内心。

那么，如何才能修炼一颗看淡得失、直面人生的悲欢离合的强大内心呢？

1. 保持一颗平常心

人生充满了各种阴差阳错，这都是正常的现象。看待任何事情，都不要心理不平衡，而应该保持平常心。假若你很幸运，得到了自己想要的，那就好好珍惜吧。

2. 积极地面对现实

生气也好，郁闷也罢，都是拿别人做错的事情惩罚自己。别跟自己较劲，既然已有了结果，过程如何就无关紧要了，理由更是微不足道，只需积极地面对现实。

3. 勇于面对挫折

“好事多磨”，你一定要相信这句话。所有的挫折和磨难都是你通往美好未来必不可少的铺垫，所以，请直面它们、正视它们。

全力以赴，你就有希望

即便是老生常谈的成功学，哈佛大学的师生们也全都认同这样一个观念：“命运在于搏击，奋斗就是希望。而失败只有一种，那就是放弃努力。”是的，只要你全力以赴，努力奋斗过，即便失败了，也可以坦然面对。但如果你从一开始便畏缩不前，不肯付出全部努力，那失败就是必然的结果。

霍金曾说过：“人生必须全力以赴，生活是不公平的，不管你的境遇如何，你只能全力以赴。”是的，只有全力以赴，你才会有实现梦想的可能。不要因惧怕而畏畏缩缩，不要因胆怯而退到生活的幕布后面。你需要一点勇敢，需要一点倔强，需要全力以赴的热情。

生命是一段不断搏击的旅程，一个男孩之所以有强大的气场，只因他拥有一颗全力以赴的果敢之心。在哈佛课堂上，一位教授就曾讲过美国著名的《黑人文摘》杂志创始人、约翰森出版公司总裁、拥有三家无线电台的约翰·H.约翰森的人生故事，几乎每个哈佛大学的学子都从中受益良多。

1927年，美国阿肯色州的密西西比河大堤被洪水侵蚀。一个9岁黑人小男孩的家被冲毁，在洪水即将吞噬他的一刹那，母亲奋不顾身地把他拉上了堤坡。男孩呆呆地看着自己破碎的家，一言不发。母亲低头不语，带着男孩开始建造新的房子。

1932年，男孩八年级毕业了，由于阿肯色州的中学不招收黑人，他只能到芝加哥读中学，但家里没有那么多钱。那时，他的母亲做出了一个惊人的决定——让男孩复读一年。她则每天为50名工人洗衣、熨衣和做饭，替孩子攒钱上学。男孩看着母亲忙碌的身影，只能默默许愿：我一定要让母亲幸福！

1933年夏天，家里终于凑足了那笔钱，母亲带着男孩踏上火车，奔向陌生的芝加哥。在芝加哥，母亲靠当用人谋生。男孩以优异的成绩毕业，后来又顺利地读完大学。男孩长舒了一口气，他知道自己的时代来临了！

1942年，他开始创办一份杂志，但缺少500美元的邮费，不能给订户发函。一家信贷公司愿借贷，不过有个条件，得有一笔财产做抵押。母亲曾分期付款好长时间才买了一批新家具，这是她一生最心爱的东西。但她知道儿子的情况后，还是同意将家具做了抵押。男孩觉得很惭愧，但不得不这么做！

1943年，那份杂志获得巨大的成功。男孩终于能做自己梦想多年的事了：将母亲列入他的工资花名册，并告诉母亲她算是退休工人，再也不用工作了。那天，母亲哭了，男孩也哭了，他终于拥有了给母亲幸福的能力！

后来，由于大环境不景气，男孩经营的一切仿佛都坠入谷底，面对巨大的困难和障碍，男孩已无力回天。

他心情忧郁地告诉母亲："妈妈，看来这次我真要失败了。"

“儿子，”母亲平静地说，“你努力试过了吗？”

“试过了。”男孩点点头，一脸忧郁。

“非常努力吗？”母亲直视儿子的眼睛。

“是的。”男孩避开了母亲锐利的目光，他觉得那样的目光会刺痛他，会让他无法抬头。

“很好。”母亲果断地结束了谈话，“无论何时，只要你努力尝试了，就不会失败。”

果然，男孩渡过了难关，攀上了事业新的巅峰。这个男孩就是驰名世界的美国《黑人文摘》杂志创始人、约翰森出版公司总裁、拥有三家无线电台的约翰·H.约翰森。

阳光总在风雨后，看完上述这个故事，你相信了吗？如果我们从一开始就被风雨吓退，没有勇气直面困境，那么也就不可能看到风雨过后的阳光。命运从来都是公平的，我们之所以觉得不公平，只是自己付出的还不够。

男孩，你是否能全力以赴地做一件事？又是否有拼命一搏的勇气？如果你的回答是肯定的，那么恭喜你，你已经具备了从男孩成长为男人不可或缺的最宝贵的一种品格。

哈佛精神修炼要点

只要努力奋斗了，结局就不会太差。那么针对自己的目标，我们又该如何去努力呢？

1. 明确目标

明确自己的目标，并制订好实现目标的长期规划。

如果我们从一开始就被风雨吓退，缩在墙角，没有勇气直面困境，那么也就不可能看到风雨过后的阳光

2. 脚踏实地，刻苦耐劳

切记“千里之行，始于足下”，要脚踏实地；切记“有志者，事竟成”，要刻苦耐劳。

3. 持之以恒

要知道，成功往往就在再坚持一下的努力中。努力做至十分，不要半途而废，否则就会前功尽弃。

精英养成语录

生活是不公平的，不管你的境遇如何，你只能全力以赴。

——霍金

直面人生的挑战

每次面对人生的挑战时，哈佛大学的学子爱默生总是这样对自己说："你们认为我是命运之子，实际上，我却在创造着自己的命运。"创造自己的命运，也就是直面人生各种挑战，毫不畏惧，勇敢地迈过去。

伟大的思想家雨果曾说过这样一句话："当命运递给我一个酸的柠檬时，让我们设法把它制造成甘甜的柠檬汁。"人生处处充满着冒险和挑战，在遍地荆棘的人生丛林中，你是停驻不前、胆怯认输，还是迎难而上、直面挑战和未知，这决定着你可以到达人生的何种高度。

1938年，当本田还是一名学生时，他就变卖了所有家当，全心投入到他心中所认为的理想的汽车活塞环的设计制造中。他夜以继日地工作，与油污为伍，累了，倒头就睡在工厂里。他一心一意期望早日把产品制造出来，以卖给丰田汽车公司。为了继续这项工作，他甚至变卖了妻子的首饰。最后，产品终于出来了，并送到丰田汽车公司，但是被认为品质不合格而打了回来。为了求取更多的知识，他重回学校苦修两年，这期间，他的设计经常被老师或同学嘲笑，被认为不切实际。

他无视这一切痛苦，仍然咬紧牙关朝目标前进，终于在两年之后获得了丰田公司的购买合约，实现了他长久以来的心愿。此后一切并不是一帆风顺的，他又碰上了新问题。当时，因为日本政府发起第二次世界大战，一切物资吃紧，政府禁卖水泥给他建造工厂。

他是否就此放弃了呢？没有！他是否怨天尤人了呢？他是否认为美梦破碎了呢？一点都没有！相反，他决定另谋出路，和工作伙伴研究出新的水泥制造方法，建好了他们的工厂。战争期间，这座工厂遭到美国空军两次轰炸，大部分的制造设备被毁掉了，本田先生是怎么做的呢？他立即召集了一些工人，去捡拾美军飞机所丢弃的汽油桶，作为本田工厂生产产品的材料。

在此之后，他们又碰上了地震，整个工厂被毁坏了。这时，本田先生不得不把制造活塞环的技术卖给丰田公司。

本田先生实在是个了不起的人，他清楚地知道迈向成功该怎么走，除了要有好的制造技术，还得对所做的事深具信心与毅力，不断尝试并多次调整方向，虽然目标还不见踪影，但他始终不屈不挠。

第二次世界大战结束后，日本遭遇严重的汽油短缺，本田先生根本无法开着车子出门购买家里所需的食物。他极度沮丧，不得不试着把马达装在脚踏车上。他知道如果成功了，邻居们一定会央求他给他们装部摩托脚踏车。果不其然，他装了一部又一部，直到手中的马达都用光了。他想：何不开一家工厂，专门生产自己发明的摩托车？可惜的是他缺乏资金。

他决定无论如何都要找到解决的办法，最后他想到求助于日本全国18000家脚踏车店。他给每一家脚踏车店都写了封言辞恳切的信，告诉他们如何借着他发明的产品，在振兴日本经济上扮演自己的角色。结果他说服了其中的5000家，凑齐了所需的资金。然而，当时他所生产的摩托车又大又笨重，只能卖给少数硬派的摩托车迷。为了扩大市场，本田先生动手把摩托车改得更轻巧，摩托车一经推出便大受欢迎，因而获颁“天皇赏”。随后，他的摩托车又外销到欧美。20世纪70年代，本田公司便开始生产汽车，并获得好评。

今天，本田汽车公司在日本及美国共雇有员工超过10万人，是日本最大的汽车制造公司之一，其在美国的销售量仅次于丰田。

人的一生，要遭遇许多困境。有的人被一时的困境吓倒，有的人则在困境中迎难而上。其实，只有在困境中不断经受磨炼，才能使自己的人生价值不断提高，进而成为一个真正能理解人生意义的人，成为一个对社会有用的人。

挑战其实不可怕，可怕的是逃避挑战。只有战胜自己，我们才能打开胜利的大门。所以，当下一次挑战来临的时候，作为一名男子汉，我们最好不要再躲躲闪闪，而要学会主动迎接它。

哈佛精神修炼要点

接受挑战，可以让我们享受到胜利的喜悦。那么，我们应该如何面对人生的挑战呢？

1. 明白挑战的客观性

人一出生便是在挑战中成长壮大的。从跟妈妈学步到慢慢长大成人、成家立业，每一步都充满着挑战。换句话说，人生来就是面对挑战的。

2. 积极面对挑战才能实现人生的理想和追求

每个人都有自己的理想和追求，只有积极面对人生的挑战，人才会不断壮大，不断成熟，从而实现自己的理想和追求。

3. 智慧很重要

只凭一腔热血迎难而上，而不懂得分析思考，只能是费力不讨好，无异于那些不愿接受挑战之人。面对挑战，还得积极开动脑筋，善于观察，这样才能把握住时机。

精英养成语录

一次挑战就是向自己和他人证明你能力的一次机会。

——乔·布朗

就算身处绝境，也要发挥最大潜力

伟大的文学家歌德曾说：“没有人事先就了解自己到底有多大的力量，直到他试过以后才知道。”哈佛大学的教授们特别喜欢引用这句话，以此来教育自己的学生们要注意对个人潜力的开发。是的，我们要学会给自己一点压力，就算身处绝境，也要有发挥最大潜力的信心和勇气。

所谓“穷则求变”，人只有将自己逼到“墙角”，才会想要改变，潜力才会爆发出来。但现实中，我们总是会给自己留一条退路，不至于将自己逼到无路可走的境地，于是改变成了可有可无的东西。要知道，只有破釜沉舟，你才能发挥自己最大的潜能。

大仲马成名的故事常常被哈佛的教授们提及：

据说，在大仲马成名之前，他曾经是奥尔良公爵府上的一个书记员。在工作之余，他挤出时间写出了《亨利第三和他的宫廷》，几乎所有听他朗读过剧本的人都被打动了。所以，法兰西剧院冒着可能招致政治冲突的风险接下了这部戏。

不幸的是，这个消息很快传到了公爵总管的耳朵里。总管把大仲马叫到办公室，怒斥他不务正业，并且声色俱厉地警告大仲马："要么去当一个剧作者，要么就继续当书记员，两者中你只能选择一种。你最好想好了！"上司的威胁并没有使大仲马屈服，他不卑不亢地回应道："我是不会辞掉这份工作的。关于我的薪水，如果你认为对于公爵殿下的预算来说是一种负担的话，我可以放弃。"

果然，第二天他的薪水就被停发了。

对于这个落魄的年轻人来说，如果没有这份薪水，就意味着自己将丧失所有的生活来源，可是，他不能放弃心爱的写作。幸运的是，巴黎是珍视文化的城市，在一位好友的帮助下，一位银行家同意大仲马以剧本作抵押，贷款三千法郎，但要求大仲马在剧本上演后务必连本带息一次还清。

大仲马的作品《亨利第三和他的宫廷》很快在法兰西剧院上演。那一天，所有的包厢都被奥尔良公爵预订一空。几十位亲王和公主的出席，使整个剧院显得异常豪华。演出效果没有让大仲马失望，获得了巨大的成功。更为准确地说，自从帷幕升起后，惊心动魄的新式剧情就赢得了观众们的热烈掌声。实际上，演出前大仲马还担心剧本的第三幕有些过激，不过，这一幕却为他赢得了满堂彩。

剧终之时，人们纷纷向大仲马致敬，当时在场的文坛巨匠维克多·雨果也深深地被剧情打动了。大仲马一夜之间成为法国著名的剧作家。

大仲马的成功源自他敢于砸破自己饭碗的勇气，正是这种破釜沉舟的勇气使他获得了人生的成功。

成功学大师卡耐基有一段特别耐人寻味的话：“人在身处逆境时，适应环境的能力实在惊人。人可以忍受不幸，也可以战胜不幸，因为人有着惊人的潜力，只要立志发挥它，就一定能渡过难关。”

是的，男孩们，其实我们永远不知道自己的潜力有多大，只有给自己压力，将自己逼入绝境，它才会跳出来，给我们勇气和魄力，让我们迎接更加美好的明天。

哈佛精神修炼要点

如果说，改变需要外在条件的支援，那么令我们不愿行动的最主要的原因还是在于我们没有破釜沉舟、背水一战的决心和勇气。

那么，我们如何才能练就过人的勇气呢？

1. 要有“置之死地而后生”的气魄

面对梦想，除了坚持和奋斗，我们所需的便是这种破釜沉舟的胆识。要知道，最险峻的绝谷往往能开出最美丽的花朵。

2. 少给自己找一些逃避的借口

很多时候，你之所以不愿打破现状、冒险一试，不过是对安逸现状的妥协，害怕面对改变后的诸多难题，不知如何应付接踵而至的重重困难，更不愿承受改变所带来的未知结局。正是未知和不确定，抑制了你破釜沉舟的勇气。因此，要想练就过人的勇气，就要少给自己找一些逃避的借口，要敢于打破现状。

梦想，需要勇敢护航

奋斗有许多层次，第一层次是尝试，第二层次是竞争，第三层次是搏杀。如果连去试一下的勇气都没有，那么人生奋斗也就无从谈起，只能是痴人说梦。哈佛大学的教授告诉我们：“一个有梦想的人，还必须有实现理想的勇敢和坚韧不拔的毅力，这样才能无往而不胜。”这句话对每一个心中有梦的人来说，都堪称至理名言。

每个人都拥有自己的梦想，不论是想成为一个科学家，还是一名医生。科学家说，梦想是推动他们从事各种研究和创造的力量源泉；诗人说，梦想如春风般了无痕迹；哲人说，梦想是主观思想对客体世界的希冀。梦想，因要付出勇气和毅力，因而成为我们人生中的最大动力和最美风景。

但是，为什么有那么多的人一辈子碌碌无为，没有干出一件像样的大事来呢？这是因为梦想人人都有，但能勇敢地去追求的人却少得可怜。生命中总有这样那样的风浪，让你没有勇气扬帆远航，很多人甚至连踏出第一步都不敢。

现在，让我们来看看美国著名探险家约翰·戈达德的故事吧！对于梦想，他付出了巨大的勇气和毅力。他一生确定了127个目标，现在已经实现了106个。

早在44年前，约翰·戈达德就把他这一辈子想干的大事列了一个表。那时，他只是洛杉矶一个郊区里没见过世面的孩子。他把那张表命名为“一生的志愿”，表上列着：“到尼罗河、亚马孙河和刚果河探险；登上珠穆朗玛峰、乞力马扎罗山和麦特荷恩山；读完莎士比亚、柏拉图和亚里士多德的著作；谱一首乐曲；写一本书；游览全世界的每一个国家；结婚生孩子；参观月球……”每一项都编了号，一共有127个目标。

他解释说：“我写那张表，是因为在15岁时我已清楚地认识到自己的阅历贫乏。我那时思想尚未成熟，但我具有和别人同样的潜力，我非常想做出一番事业来。我对一切都极有兴趣——旅行、医学、音乐、文学……我都想干，还想去鼓励别人。于是，我制订了那张宏伟的蓝图，心中有了目标，我就会感到每时每刻都有事做。我也知道周围的人往往墨守成规，从不冒险，从不敢在任何一个方面向自己挑战。我决心不走那条老路。”

戈达德在实现自己目标的征途中，有过18次死里逃生的经历。他回忆道：“这些经历教我学会了要百倍地珍惜生活，凡是我能做的我都想尝试。人们往往活了一辈子也从未表现出过巨大的勇气、力量和耐力，但是我发现当你想到自己反正要完了的时候，你会突然产生惊人的力量和控制力，而过去你做梦也没有想到过自己体内竟蕴藏着如此巨大的能量。当你这样经历过之后，你会觉得自己的灵魂已升华到另一个境界了。”

他曾说：“‘一生的志愿’是我在年纪很轻时立下的，它反映了一个少年的志向，其中当然有些事情我不再想做了，比如攀登珠穆朗玛峰。制订奋斗目标往往是这样的，有些事可能你力不从心，不能完成，但这并不意味着你必须放弃全部的追求。”

重新审视一下你的生活，并向自己提出下面这个问题是很有好处的：

“假如我只能再活一年，那么我准备做些什么呢？”

人生百年，没有人能一帆风顺，命运总是在我们的逐梦道路上设下障碍，让我们去经历种种苦难。戈达德指出，几乎每个人都有自己的目标和梦想，但并不是每个人都有勇气去努力实现它们。这种勇敢追求梦想的精神，戈达德身上是具有的，而且极为可贵。

哈佛精神修炼要点

只拥有梦想还不够，你还需要一颗勇于尝试的心。虽然试一试过后不一定硕果累累，但会给自己留下一笔宝贵的财富。对于尝试，我们需要正确地去认识。

1. 尝试必须有实力做保证，必须是可控制的

如果用一个数学逻辑比喻来说的话，自己的力量向外投了40%，留住的60%则一定是可控的，即可以“拉回”。这样一来，尝试中万一出现意外情况，都是可以“拉回”和承受的。

2. 力量要到位

例如，你想要移动桌子，那么你就要用手抬起桌子，而不能远远地站在那里吹气、喊话，那样桌子是不会动的。尝试的力量要到位，这样才能产生效果。

敢做第一个

任何事物的发现，必定有一个“第一人”。每一个哈佛大学的学子都明白：没有质疑就没有挑战，没有挑战就没有新发现。每一个新发现都需要一个勇于当“第一个”的人，如何让大家接受更是一个巨大的难题。很多时候，做“第一个”，需要极大的勇气和智慧。

困难的并不是你如何想，而是你如何对世人的常识进行挑战，这是一件困难重重、风险极大的事。所以说，敢于当“第一个”的人，需要有高超的智慧和无上的魄力，以及对真理的坚持和探索。

今天，番茄亦称西红柿，已经是风靡全球的食物了。它美丽的外表、丰富的营养加上可口的味道赢得了大多数人的喜爱，也成为餐桌上的亮点之一。然而，西红柿也曾有一段不为人知的“黑暗时期”。

据有人考证，西红柿原来生长在秘鲁的森林里，叫作“狼桃”。由于它艳丽诱人，人们都怕它有毒，因此只欣赏其美而不敢吃它。16世纪时，英国公爵俄罗达格里从南美洲带回一棵西红柿苗，献给他的情人英国女皇伊丽莎白。从此，西红柿落土欧洲，但仍然没有人敢吃它。当时，英国医生警告人们说，食用西红柿会带来生命危险。若不是美国人罗伯特上校采取了一次破天荒的行动，恐怕人们至今仍不知道西红柿是什么滋味。

1830年，罗伯特从欧洲带回几棵西红柿苗，栽种在他的家乡新泽西州萨伦镇的土地上。但是，西红柿成熟之后，却一个也卖不出去，因为人们把它看作有毒的果实。罗伯特不得不大胆向全镇人宣布：他将当众吃下10个西红柿，看看它究竟是不是有毒。镇上的居民都被罗伯特的“狂言”吓坏了。一个医生预言：这个古怪的上校一定活得不耐烦了，肯定会因为自己的愚蠢而命丧黄泉。

罗伯特吃西红柿的日子到了。全镇几千居民都拥到法院门口，看他如何用西红柿“自杀”。正午12点，罗伯特上校出现在众人面前。他身穿黑色礼服，面带微笑，缓缓走上台阶，接着，他从小筐里拿出一个红透了的西红柿，高高举起，向众人展示。等几千双眼睛验证没有假后，他便咬了那个西红柿一口，一边嚼一边大声称赞西红柿的味道。当罗伯特咬下第二口时，有几位妇女当场晕过去了。不一会儿，10个西红柿全部被罗伯特吃完了，他仍安然无恙地站在台阶上，并向大家挥手致意。人们报以热烈的掌声，乐队为他奏起了庆祝曲。

罗伯特的行动证明了西红柿没有毒，他成为名副其实的“番茄拯救者”。自此，西红柿名声大振，在世界各地广为传播。

作为第一个发现西红柿没有毒的人，罗伯特的成功之处在于，他敢于成为第一个用实际行动向大家证明自己的非凡发现的人。在现实生活中，凡事总有第一次，这是一个关于收获机遇与惨遭失败的赌注。男孩们，敢做第一个，是冒险的行径，考验的更是我们的判断力和勇气。

哈佛精神修炼要点

商场上有句话叫“敢于做第一个吃螃蟹的人”，是的，凡事总有第一个。第一个，关乎人生的机遇和挑战，它离成功常常只有一步之遥。从小养成敢于挑战权威、敢为人先的习惯，对一个人今后的发展意义重大。

既然如此，我们应该如何培养这样一种“敢为人先”的习惯呢？

1. 丰富自己的想象力

我们要敢于向权威挑战，平时在学习中就应该勤加思考，不要囫囵吞枣，更不要只知理论而不知实践。要知道，思想的灵光总是在不经意间于脑海中闪现。

2. 要有过人的胆识

如果仅仅是有了想法，却不敢打破常规，害怕可能的失败和挫折，然后轻易地否决自己的论断，那就等于把“突破”的可能性扼杀在摇篮之中了。所以，在有了想法之后，我们不要过早地自我否定，必须拿出一点胆识，不试一试怎么知道不行呢？

3. 行动须全力以赴

很多时候，并不是大家没有努力、没有行动，而是努力得不够、行动得不够，在九十九步的时候停住了脚步，无心向前。所以，不行动则已，行动便要全力以赴，不要给自己留下遗憾。

精英养成要点 2

◆ 勇气是梦想的开始，行动是实现梦想的过程。如果连追求的勇气都没有，梦想就永不可能实现。

◆ 眼泪永远是弱者的表现，它只会放大你的无能，使你忽略最本质的东西。在遇到难题或坎坷时，一味哭泣，倒不如勇敢地站起来认清问题的关键，努力找出解决问题的方法。

◆ 命运从来都是公平的，我们之所以觉得不公平，只是自己付出的还不够。

◆ 只有在困境中不断经受磨炼，才能使自己的人生价值不断提高，进而才能成为一个真正能理解人生意义的人，成为一个对社会有用的人。

◆ 任何人要想获得成功，首先必须敢想才行，也就是要敢于想象自己的未来，给自己设定理想和目标。

当我们心中有了对梦想的追求，就要用勇敢点燃成功的火花。人生路上，勇敢是我们的号角，胆识是我们的旗帜，用智慧和勇气除去心灵的荆棘，给自己一个坚定的信念，我们就能奏响人生的凯歌。

PART 3

哈佛自主能力

让 男 孩 学 会 独 当 一 面

成长，就是一个不断摆脱依赖、培养自立自主能力的过程。学会独当一面，也就是学会凡事靠自己，敢于承担责任，真正掌握自己的命运。每一个男孩都应该记住的是：人生是自己的，没有人可以为你的人生负责。

凡事靠自己，没有人可以帮你一辈子

哈佛大学的学子常常将这样一句话挂在嘴边："生命是一个人的旅行，你可以接受别人一时的帮助，但绝对得不到别人时时刻刻的帮助。"事实确是如此，你并没有想象中那么重要，更不可能得到所有人的帮助。更多的时候，你只是一个人孤军奋战。我们要学会凡事靠自己，要知道，拥有自主能力的人更容易获得命运的青睐。

也许，"凡事都要靠自己"这个话题我们已经听父母说了不下百遍。其实，所谓凡事都要靠自己，也就是自立，它既是一个人成熟的标志，也是每个成功者所具有的优秀品质。

总而言之，我们应该认识到这样一个事实——没有人会陪你走一辈子，所以你要学会适应孤独；没有人会帮你一辈子，所以你要学会奋斗一生。从现在起，做一个不随便依赖他人的人。每次遇到问题时，先自己想办法，如果一个人实在解决不了，再向他人寻求帮助也不迟。

美国第35任总统肯尼迪一直是美国人民的骄傲，更是哈佛人自己的骄傲，哈佛大学为了纪念这位伟人建立了肯尼迪政治学院。同时，美国还有很多以肯尼迪命名的地方，如肯尼迪艺术中心、肯尼迪航天中心、肯尼迪国际机场等。肯尼迪普遍被美国民众视为美国历史上最杰出的总统之一，并位列“美国十大文化偶像”之首。

肯尼迪的优秀与其父亲的精心培养分不开。他的父亲从小就注意对肯尼迪独立性格的培养。有一次，他赶着马车带儿子出去游玩。在一个拐弯处，由于马车速度很快，小肯尼迪被猛地甩了出去，疼痛和恐惧让他忍不住掉泪。当马车停住时，肯尼迪满怀期待地望着父亲，他以为父亲会下车把他扶起来，但父亲却坐在车上悠闲地掏出烟吸起来。

肯尼迪生气了，他叫道：“爸爸，快来扶我！”

“你摔疼了吗？”父亲一脸悠然，好像什么事都没发生过。

“是的，我感觉自己已站不起来了。”肯尼迪看着自己擦破皮的腿，带着哭腔说。

“那也要坚持站起来，重新爬上马车。”父亲转过身，等待肯尼迪的反应。

肯尼迪知道父亲的个性，从来都是说一不二。无奈，他只好挣扎着自己站了起来，摇摇晃晃地走近马车，艰难地爬了上来。

父亲摇动着鞭子问：“你知道我为什么让你这么做吗？”

肯尼迪摇了摇头，他的心中对父亲起了一丝恨意。

父亲接着说：“人生就是这样，跌倒、爬起来、奔跑，再跌倒、再爬起来、再奔跑。在任何时候都要全靠自己，没人会去扶你的。”

肯尼迪呆呆地坐着，眼泪还挂在脸上。

从那时起，父亲更加注重对儿子独立性的培养，经常带着他参加一些大型社交活动，教他如何跟客人打招呼、道别，与不同身份的客人应该怎样交谈，等等。

曾经一位客人这么问肯尼迪的父亲：“他还这么小，您这么要求他，是不是太难为他了？”

谁料他立刻回答：“哦，我这是在训练他当总统呢！”

父亲的话就像是预言一般！

1960年，肯尼迪以微弱优势击败共和党候选人尼克松，成为美国历史上第二年轻的总统（最年轻的总统是西奥多·罗斯福，上任时年仅42岁）。他是第一位信奉天主教的总统，也是“阿波罗计划”的主要负责人。

如今走在成长路上的我们，正是培养自主能力的关键时期，也是学会独立自主的重要阶段。我们将会成为一个毫无主见的人，还是一个能独当一面的人，答案全在我们平常生活的点点滴滴之中。想一想，每次遇到问题时，你的第一反应是什么？找人帮忙，还是自己先想办法？

哈佛人告诉我们：通往成功的大门，靠自己开启。你找到那把钥匙了吗？还是你把它交给了别人？或是不小心弄丢了？男孩们，如果我们习惯于依赖他人，不妨从现在开始改变。因为，没有人可以帮我们一辈子，我们总得学会成长，成长为一个顶天立地的男子汉。

哈佛精神修炼要点

对于如何学会独立自主，不依赖他人，下面有几点意见：

1. 你可以尝试着独立完成一件事

就像文中的肯尼迪一样，我们要学会跌倒了自己爬起来。自己能做的事尽量自己做，譬如学会照顾自己、自己收拾房间等。

2. 要有主见

不要盲目听从他人的意见，这对于培养独立自主的性格相当重要。别人说的不一定都对，你要有一定的判断能力。不要把“依赖别人”当作一种“心理借口”。

3. 要有自己的人生规划

不要漫无目的，要做好自己的人生规划，做好人生每一个阶段的事，你才能一步步走向成熟和睿智。

精英养成语录

如果你想走到高处，就要使用自己的两条腿！不要让别人把你抬到高处，不要坐在别人的背上和头上。

——尼采

自立自强，人生从不设限

居里夫人曾说：“路要靠自己去走，才能越走越宽。”不论你是身体健全还是有残疾，我们都不可能依靠他人一辈子。哈佛大学里也流传着一句类似的话：“人生的路须自己来走，你须自立自强。”你必须明白一点：生活不会帮你，只有你自己“站立”起来，世界才会展现在你面前。

车尔尼雪夫斯基曾经说过这样一句话：“与其悲叹自己的命运，不如相信自己的力量。”比起那些残疾或身患绝症的人，生活中的我们大多数都是幸运而幸福的。但是，很多人不懂得珍惜自己现在拥有的一切，更不懂得把握自己的命运，每当遇到一丁点儿的困难，就畏首畏尾，不敢前行，还会抱怨命运的不公，陷入自怨自艾的旋涡之中。

其实，在这个世界上，比我们悲惨的人有很多，可是他们仍然活出了自己的精彩，把握住了自己的命运。人生是不设限的，只要我们能自立自强，世界总会给我们一方舞台，让我们活出不一样的精彩。

布兰登是英国有名的残疾人小说家，在哈佛课堂上，教授们不止一次提到过他的人生故事。可以说，他的一生几乎是坎坷重重：

在布兰登一岁半时，一场突如其来的高烧使他的器官丧失了一些功能。从此，小布兰登失聪、失明，终日生活在与有声有色的世界隔绝的环境中。

不过，布兰登没有向命运屈服。他能走路以后，用双手摸索着走出屋门，把家里和庭院都摸索得比较清楚，还能从气息和气氛来判断家里有什么大事或客人来访等。布兰登有自己的意志，想干什么就干什么，根本不管别人。比如：吃饭时自己不好好坐着，而是伸手摸妈妈的盘子里有什么，抓一把就吃，再伸手去摸爸爸的盘子里有什么，抓一把就吃。父母皱眉，迁就他。直到妈妈有意识地训练他，他才懂得和遵守用餐的礼仪。布兰登的奶奶给他做了一个小布熊。他抚摸着小布熊，发现这个小布熊的脸是平的，没有五官，就大哭大闹起来，非要给小布熊装上眼珠不可。

后来，在妈妈的精心指导下，他学会了用手指“说话”，并且还掌握了五种文字。然后，布兰登爱上了写作，靠着一种顽强的精神不断从事文学创作。凡是自己能独立完成的事，他从不愿麻烦别人，他最害怕的就是自己被他人当成负担。

在自己的不懈努力下，24岁时，布兰登以优异的成绩从牛津大学毕业，从此进入世人的视线。

由此可见，人生是不设限的，任何人都可以成为自己梦想中的偶像。布兰登用实际行动证明了自己可以自立自强。一个残疾人都能够完成这么多事，在羡慕、感慨之余，我们是不是应该反思自身呢？在生活中，有很大一部分青少年不自立，他们事事依靠父母，父母不在身边，就什么事都不敢做，不愿尝试

只要我们能自立自强，世界总会给我们
一方舞台，让我们活出不一样的精彩

着去做。他们也许拥有非常好的学习和生活环境，可是这些资源却被他们浪费了。仔细想一想，这是十分不应该的。

男孩们，我们要学会自立自强，相信自己的人生是不设限的，像布兰登一样成为一个完全自立的人。只有这样，我们才能在将来成为一个真正强大的人。

哈佛精神修炼要点

在成长过程中，我们一定会与“自立”狭路相逢，既然一定得面对，那就勇敢地去迎接它吧！

1. 学会做自己力所能及的事

譬如吃完饭后主动刷碗，洗完澡后自己动手洗衣服，经常帮家里拖地等。

2. 经济上自立

你应该有一项足够养活自己的技能，比如音乐、写作或绘画。没有经济上的自立，就缺少自尊，有了适当的财力，才能过自己想要的生活。这是一条必经的路，当你成年之后，一切便都得靠自己。

3. 人格上自立

没有人格上的自立，就会缺乏自信。我们要多读书，培养自己的思考能力，学会做一个堂堂正正、充满自信的人。

自立很重要，但别盲目拒绝帮助

哈佛大学的教授在上课时，特别喜欢引用哲人的话来阐述人生的道理，其中有一句话是这样的："一个孤独者，要么是野兽，要么是伟人。"哈佛大学的教授想要告诉学生的是，即使是伟人，他的身边也不可能没有任何亲人、朋友，更何况大多数人只是普通人，就更不可能在生活的急流中孤军奋战。我们需要自立，但并不代表完全拒绝他人的帮助。

在现实生活中，学会借助他人的力量，既是一种技巧，也是一种智慧。自立是一种向内的品质，依靠他人却是一种向外的人生技巧和成功途径，它们之间并不冲突。能够独当一面的男孩懂得如何将两者合而为一或进行适当的调和，从而一步步走向成熟，迈向成功。

一句话：自立很重要，但别盲目拒绝帮助。

查尔斯是哈佛大学的一名普通学生，他不仅成绩优异，还是校园里受欢迎的风云人物。有一次和朋友聊天，他讲述了一个自己小时候的故事：

10岁那年，查尔斯看着伙伴炫耀自己种植的西红柿，还有独立赚的零花钱，他羡慕极了！查尔斯也希望自己可以收获果实并获得零花钱。在他的强烈要求下，父母给了他一小块地，允许他种一些花或菜，收获以后换些零花钱。

不巧的是，查尔斯分到的这块地中心有一块石头，很影响耕种，所以，他决定把石头搬走。小小的他找来了铁锹，开始挖石头周围的土。一切看起来都不算困难，石头很快就全部呈现出来了。查尔斯看着这块石头笑了，他相信自己有力的臂膀可以将石头轻而易举地搬走。但是当查尔斯弯腰去挪这块石头时，他才发现，石头太重了，他一个10岁的孩子根本搬不起来。查尔斯有点生气，他使劲地踢了两下石头，石头还是纹丝不动。

无奈，查尔斯开始想办法，他用手推、用肩挤、左摇右晃，一次又一次与顽固的石头搏斗着。可是，不管他如何用心用力，大石头就是没有反应。

眼看太阳快落山了，郁闷的查尔斯一屁股坐在地上，伤心地哭了起来。他认为自己肯定不能完成种植计划了！这时候，父亲来到了他的面前。其实，父亲在一旁已经观察好久了，他等待着儿子向自己求助，可最终没有等来。父亲只好自己走过来，蹲下身子摸着儿子的头。

“亲爱的儿子，你怎么了？”父亲问道。

“我想把这块石头搬走，可我搬不动。”查尔斯哭着回答。

“你可以用上你所有的力气啊。”父亲很温和。

“我已经用上我所有的力气了，可它就是不动。”查尔斯还在伤心，他伸出自己已经发红的小手。

“不，你没有。爸爸不也是你的力量吗？”父亲把儿子的手握在自己的手心中，轻轻地说，“我们就是你的力量宝盒！”接着，父亲站起来，用双手轻而易举地把大石头搬走了。

查尔斯看着父亲，微微一笑，轻轻地说："爸爸也是我的力量！妈妈也是我的力量！我有力量宝盒了！"

10岁的查尔斯无疑是一个自立的人，一开始，他并没有向他人寻求帮助，不论自己怎样努力，又怎样失败，他都没有投降。但是，这样的自立是盲目的，是有偏差的，或者说是极端的。真正的自立之人，不会在这样的问题上死死纠缠到底，而是会开始寻求他人的帮助。

每一个男孩都要培养一种"聪明的自立"，学会适当寻求他人的意见和帮助，拓宽自己的视野，提高自己的情商。

哈佛精神修炼要点

在自己的力量还不够强大的时候，借助他人的力量，是走向成功的捷径。对于一个人来说，想获得进一步的发展，就需要借助他人的力量。

1. 学会借助他人的力量

当我们无力去完成一件事时不妨向身边的强者求助，也许对我们来说无可奈何的事情，他们不费吹灰之力就能轻松完成。与其自己苦苦奋斗而不成，不如将视线一转，呼唤你身边的强者。

2. 抛弃难为情的想法

有很多人并不是不会借力，而是因难为情而不愿意求人，总觉得这样做有失体面，好像是贬低了自己的能力。其实，这种想法是错误的。什么时候都不要忘了：即使是拿破仑也需要别人帮他架起成功的桥梁，何况你只是一个平常之人呢？

以主人翁心态面对任何事

一个人做事的动机有很多种，自我价值的实现是其中至为重要的。哈佛告诉你："对个人价值最大化的追求，是个人行为背后的一只无形的操纵手。"每一个哈佛大学的学子都明白，人生的意义之一就是自我实现、追求个人价值的最大化。所以，为了达到自我实现的目的，我们首先应该培养的就是个人的主人翁意识。

一个优秀的主人翁有这样一些特点：他们认同感极强，懂得为自己做事，对事情的结果负责，能够把该做的事情当作自己家的事情来做，并全力以赴，调动一切资源完成任务。同时，他们还懂得分享自己努力的成果。

具备主人翁气质的人永远是热情满满、积极向上的。而这样的人，一般也会受到命运的眷顾和机会的垂青。所以，学会以主人翁的心态来面对任何事情吧！

比尔·克林顿，美国律师、政治家，美国民主党成员，曾任阿肯色州州长和第42任美国总统。在克林顿执政期间，美国经历了历史上和平时期持续时间最长的一次经济发展。在美国在线于2005年举办的票选活动“最伟大的美国人”中，克林顿位居第7位。克林顿兴趣广泛，尤其爱好音乐，擅长演奏萨克斯管，曾担任阿肯色州管乐队首席萨克斯管演奏员。

作为少数可以获得连任的总统，克林顿无疑是颇有作为的一位总统。他曾提出“向企业学习”的口号，主张重塑一个自由、开放的政府形象，鼓励民众增强责任感、使命感。克林顿反复强调的责任理念与他儿时便根植于心的品性息息相关。

在克林顿出生之前，他的亲生父亲不幸死于一场车祸中。克林顿跟着母亲和继父在温泉城生活。但继父脾气暴躁，经常虐待他和母亲以及弟弟。也许正因如此，聪慧的克林顿很早就树立了强烈的责任感，他要保护母亲和弟弟免受伤害。在克林顿7岁的时候，他家在温泉城外买了一个小农场，并且雇了一名女佣。说实在话，比尔的家庭并不富裕，但是雇女佣是霍普人的传统。

当时，克林顿的弟弟罗杰因为太过年幼，根本不能照顾自己。早上，每当克林顿的母亲到医院上班后，新雇来的女佣便负责照料克林顿和弟弟罗杰的起居和生活。

但出人意料的是，小小的克林顿却几乎从不用女佣照料。他尽量一切都试着自己去做，自己穿衣，自己洗脸。不仅如此，他还常常主动去照顾弟弟罗杰，像个小大人一样陪他玩耍，玩累了便哄他入睡，反倒是一旁的女佣都帮不上什么忙。

“哎呀，克林顿，你真是个小男子汉，不过照顾你的小弟弟是我的责任呀！”女佣看着克林顿，笑眯眯地说。

“不，我是哥哥，就应该照顾弟弟，这是我的责任。”克林顿仰起头，一脸正经地说道。

后来，母亲微笑着回忆说，不是谁要克林顿那样去做，而是克林顿常常抢着去做女佣该做的事情，真的是“完全负起了责任”，但这有时令女佣感到非常为难。

现在的青少年大多是独生子女，从小生活在父母长辈的关怀之下，因而提出的要求，一般都会得到满足。长此以往，他们不自觉地便以“中心人物”自居，变得骄纵自私，而且缺乏必要的自主意识，动不动就求人帮忙。这种情况非常不利于自立自强。

所以，男孩们，从今天开始，如克林顿一样，多以主人翁的精神要求自己，让自己成为一个具有责任感、自立自强的男孩吧！

哈佛精神修炼要点

培养主人翁心态，往小处说可以锻炼孩子的自立自强能力，往大处说则是孩子成长为一个有担当、有责任感的人的关键。

1. 认清自己在不同环境中的角色

我们要努力做到在家里是爸爸妈妈的好孩子，在学校是老师眼中的好学生，在伙伴眼中是一起玩耍的好同伴。每一个角色都有一套与之相对应的行为准则，我们要学会认识并践行它。

2. 暂时放下“孑然独立”意识

作为主人翁，你面对的是外界环境，必须接受和承担一定的社会义务和责任，“孑然独立”意识应让位。

空想者，永远是命运的失败者

每一个从哈佛大学毕业的学子都相信这样一句话："行动决定命运，胸怀决定成就。"有了美好的想法，只有付诸行动才会有实质性的收获。如果只空想而不付诸行动，那就只是痴人说梦，好运也不会从天而降。

爱空想的人一般较为自由散漫，不拘小节，在工作中经常不断犯错，严重者会断送美好的前程；爱空想的人多半懒于行动，他们想法新奇，想象力丰富，却多半不愿意付诸切实的行动，只停在原地，成为一个"白日梦想家"；爱空想的人多半行事浮夸，因为空想的东西在脑子中想起来毫不费力，与别人谈起来时也让人觉得头头是道。

爱空想并不是一个好习惯，一个有自主能力的男子汉应该有承担梦想的能力和勇气。记住，生活是自己的，我们希望它是什么颜色，需要自己亲手涂抹，而不是用想象来给自己一个安慰。

"花1美元碰碰运气，即可有机会改变生活"这一口号，在美国已经有悠久的历史了。彩票已经融入了美国人的生活，不仅颇受追捧，而且玩法千奇百怪。不少美国人都把中彩票视为改变命运的机会，他们在向上帝祷告时，常常请求上帝给他们一个机会！

哈佛大学一位教授就曾经讲过这样一个故事：

有这样一位落魄不堪的年轻人，他身无所长，没有工作，依靠母亲的养老金生活。年轻人看着那些中了大奖的人，眼热心跳，梦想着自己有一天也可以成为亿万富翁。为了实现这个梦想，他每隔两三天就到教堂祈祷。

他跪在圣坛前，闭着双眼，虔诚地低语：“上帝啊，请念在我多年来敬畏您的分儿上，让我中一次彩票吧！”年轻人为了显示自己的诚意，还特意背诵了一段《圣经》。当他站起来时，满脸微笑，大踏步走出了教堂。

但年轻人很快就失望了，他没有中任何奖。

三天之后，他垂头丧气地来到教堂，同样跪在圣坛前，再次诚心祈祷：“上帝啊，为何不让我中彩票？难道您没听到我的祷告吗？求您一定让我中一次彩票吧！”年轻人摸着上帝的脚，轻轻地亲吻着。他抬起头信誓旦旦地说：“假若我成为富翁，一定每天都来教堂祷告，感激您的恩德！上帝，请您给我一次机会吧！”年轻人低着头，沮丧地走了！

又过了三天，这位年轻人再次出现在教堂中，他更加沮丧，整个人都瘦了。他来到圣坛前，又一次重复他的祷告。

就这样，每隔三天，周而复始，年轻人不间断地祈求着。

直到有一次，他实在有些不耐烦了，终于绝望而不甘地对上帝说道：“我的上帝，为何您不聆听我的祷告呢？让我中彩票吧，只要一次，让我解决所有困难，我愿终生侍奉您……”

他话音刚落，只听圣坛上空传来庄严的声音：“年轻人，我一直在聆听你的祷告，可是——最起码，你也该先去买一张彩票吧！”

年轻人一听，怔得半晌说不出一句话。

在日常生活中，我们常常听到有人说“我想当一名文学家”“我想当一名画家”“我想当一名飞行员”等，这些都是他们的梦想。但是，如果仅仅把这些梦想当作一个空洞的口号，而不愿付出丝毫行动，只想坐等幸运的降临，将自己的命运交给“上帝”来决定，那么他的梦想也只能是一个空想。

男孩们，我们需要明白：人生是一个自我实现的过程，有自主能力的人懂得如何把握自己的生活，以及如何将梦想一步步变为现实。

哈佛精神修炼要点

一个人的成功与否和他的行动力有莫大的关系。有些人有一个天才的想法，却没有天才的行动，结果这个想法便失去了价值；有些人有一个未必完美的想法，却有天才的行动，结果这个想法却得以实现。你的行动力与你的成功机会成正比。

那么，该如何提高行动力呢？

1. 计划方面

无论你有多么长远、多么有战略意义的计划，也必须在此基础上设立一个在半天或一天内就能完成的任务，也就是长计划与短计划相互补充。

2. 执行方面

执行的前提就是必须要有责任心，增强责任心就要培养个人对目标的认同度，只有热情才能引发富有激情的行动。决定做一件事时，应当抛除过多的忧虑，做一个头脑简单、执着的人。先做做再说吧！

为自己负责，勇于承担责任

托尔斯泰曾经说过：“一个人若是没有热情，他将一事无成，而热情的基点正是责任心。”哈佛大学的学子们几乎都听过这句话，并将其视为至理名言。责任心是一种勇气、一种智慧，也是一种力量。人非圣贤，孰能无过？知错能改，犯了错后敢于承担责任，就是好样的。一个勇于承担的男孩，才能够担负起更多的责任，才能够让人认为值得信赖、值得托付。

丘吉尔曾经说过一句名言：“高尚、伟大的代价就是责任。”一个人只有敢于承担一定的责任，才有可能被赋予更大的责任。人一旦失去责任心，即使是做最擅长的工作，也会做得一塌糊涂。

美国西点军校认为：“没有责任感的军官不是合格的军官，没有责任感的员工不是优秀的员工，没有责任感的公民不是好公民。”人们往往对承认错误和担负责任有一定的恐惧感，因为承认错误和担负责任往往与接受惩罚连在一起。我们需要明白的是，没有谁能做得尽善尽美，但主动承认错误至少是勇敢的。可以这样说，如何对待已经出现的问题，能看出一个人是否能够勇于承担责任。

1920年，在美国的一个小镇上，一位年仅11岁的男孩正在街道上和一群同伴踢足球。他们玩得很起劲，也很开心，欢笑声一直传到远处的学校。这个11岁的男孩是球队的队长，他控球技术很好，受到了很多老师的表扬，经常有小女生呆呆地望着他。小男孩为自己的踢球技术深感自豪，每一次都努力表现，他非常享受别人羡慕的眼光和热烈的掌声。

可是，悲剧发生了。骄傲的小男孩一不小心将球踢飞了，不慎打破了邻居窗户的玻璃。原本热闹的街道顿时安静了，大家都默默地看着小男孩。此时，一个朋友拉着男孩想逃跑。男孩犹疑了一会儿，决定要勇敢地面对邻居，承担自己应当承担的责任。此时邻居也看到了他，要求赔偿，向他索要12.5美元。

男孩十分害怕，他身上连一个硬币都没有，哪里有钱赔？身边的同伴也和他一样，身无分文。要知道，12.5美元对于一个孩子来说，可是一个不小的数目。尽管男孩不知如何筹措这笔赔偿金，但他还是答应了邻居的赔偿要求。思虑再三，男孩决定回家向父亲认错，并请求父亲借钱给他。

父亲定定地看着面前低垂着头、一言不发的儿子，神色平静地说：“钱，我可以先借给你，但你必须在一年之后归还。”

男孩没料到父亲会这样说，但仍点点头，接受了。

从此，为了“还债”，这个男孩就开始了艰苦的打工生涯，想方设法地赚钱。他做过报童，端过盘子，送过牛奶。尽管他并不完全理解父亲的用意，但还是坚持一定要说到做到。

终于，半年后，他走到父亲面前，自豪地将12.5美元如数还给了父亲。不爱笑的父亲那时却哈哈大笑，他满意地将男孩的借款收入钱包，然后又拿出1美元给了男孩，作为奖励。男孩拿着1美元，非常高兴。自此，他知道一个勇于承担责任的人是可以得到回报的。

许多年过去了，这个长大成人的男孩当上了美国总统，他就是大名鼎鼎的里根。

世界著名的小说家马尔克斯曾经说过：“存在的道理就是负责任——一种对自己和对他人的责任，只有负责任，才能得到别人的尊重与关怀。”小时候的里根无疑是一个敢于承担责任的男孩，正因为这一特质，他才得到了他人的尊重，并在日后成为有名的总统。

所以，男孩们，要做到自立自强，我们还需要一定的责任感。这就好比你尊重别人，别人也会尊重你一样。只有那些能够勇于承担责任的人，才有可能被赋予更多的使命，才能成为顶天立地的男子汉，才有资格获得更多的荣誉。

哈佛精神修炼要点

勇于承认自己所犯的错误并负起全责，是一个人品质优秀的表现。那么，你又该如何“为自己负责”呢？

1. 要有责任心

是否具备责任心，是衡量个人素养的标准之一。当今社会分工越来越精细，人与人之间的依赖程度越来越高，因此责任心也越来越重要。一个没有责任心的男孩，是永远都长不大的。

2. 不要给自己的过错找借口

你对自己的错误心不在焉，任由其发展，只会给自己和他人带来更大的伤害。要知道，为错误找各种推脱的借口，为自己找理由，并不能洗刷错误，反倒渐渐会让你失去更多人的信赖。

永远不要妄想不劳而获

斯坦尼斯拉夫斯基曾说过：“没有顽强的细心的劳动，即使是有才华的人也会变成绣花枕头似的无用的玩物。”是的，妄想不劳而获的人最后什么也得不到。哈佛大学告诉你：只有付出，才会有回报。真正具有大智慧的人都知道，任何成功都是在付出代价后换来的。

贝多芬曾说：“涓滴之水终可磨损大石，不是由于它力量强大，而是由于昼夜不舍的滴坠。只有勤奋不懈的努力才能够获得那些技巧。”生活对每个人都是公平的，它更不可能给我们不劳而获的机会。我们应该记住的是：每一段成功之路都洒满了勤奋的汗水，只有勤奋的汗水才能让你人生的土壤更加肥沃，开出绚烂的花朵。

4岁的小克莱门斯上学了。教书的霍尔太太是一位虔诚的基督徒，每次上课之前，她都要领着孩子们进行祈祷。有一天，霍尔太太给孩子们讲解《圣经》，当讲到“祈祷，就会获得一切”的时候，小克莱门斯忍不住站了起来，他问道："如果我祈祷上帝呢？他会给我想要的东西吗？"

"是的，孩子，只要你愿意虔诚地祈祷，你就会得到你想要的东西。"

小克莱门斯特别想得到一块很大很大的面包，因为他从来没有吃过那样诱人的面包。而他的同桌，一个金头发的小姑娘每天都会带着一块那么诱人的面包来到学校。她常常问小克莱门斯要不要尝一口，小克莱门斯每次都坚定地摇头，但他内心是痛苦的。

放学的时候，小克莱门斯对小姑娘说："明天我也会有一块大面包。"回到家后，小克莱门斯关起门，无比虔诚地进行祈祷，他相信上帝已经看见了自己的表情，上帝一定会被自己的诚心感动的！然而，第二天起床后，当他把手伸进书包的时候，除了一本破旧的课本什么也没有发现。他决定每天晚上坚持祈祷，一定要等到面包降临。

一个月后，金头发的小姑娘笑着问小克莱门斯："你的面包呢？"

小克莱门斯已经无法继续自己的祈祷了。他告诉小姑娘，上帝也许根本就没有看见自己在进行多么虔诚的祈祷，因为，每天肯定有无数的孩子都进行着这样的祈祷，而上帝只有一个，他怎么会忙得过来？小姑娘笑着说："原来祈祷的人都是为了一块面包！但一块面包用几个硬币就可以买到了，人们为什么要花费这么多的时间去祈祷，而不是去赚钱买面包呢？"

小克莱门斯决定不再祈祷。他相信小姑娘所说的正是自己所认为的——只有通过实际的工作才能获得自己想要的东西。而祈祷，永远只能让你停留在等待中。小克莱门斯对自己说："我不要再为一件卑微的小东西祈祷了。"他带着对生活的坚定信心走向了新的道路。

多年以后，小克莱门斯长大成人。当他用笔名马克·吐温发表作品的时候，他已经是一名为了理想而勇敢战斗的作家了。

成名后的马克·吐温再也没有祈祷上帝，他相信的是自己的能力。在无数个艰难的日子中，他始终记着这样一句话："不要为卑微的东西祈祷！只有奋斗和努力是真实的，只有自己的汗水是真实的。祈祷天堂里的上帝，不如相信真实的自己；祈祷虚无的上帝，不如付出诚实的劳动。"

是的，不奢望不劳而获，不相信上帝的眷顾，每一个男孩都应该学会用自己的双手去创造未来，自立自强，一步步走向自己亲手开凿的未来之路。

哈佛精神修炼要点

虽然，付出劳动是艰辛的，耕耘是辛苦的，但最后的收获却是喜悦和甜蜜的。我们又应该如何看待劳动与收获这一对关系呢？

1. 确立"只有付出才会有收获"的心态

成功不会轻易而至。我们只有现在努力学习知识，今后才能进入社会一展身手，实现自己的梦想。

2. 凡事多动手

当你想到一个好点子或希望得到某个期盼已久的东西时，不要轻易求助于他人，不妨先想一想自己如何做才能实现它或得到它。多开动大脑，多动手，学会用自己的劳动来换取自己想要的东西。

3. 凡事靠自己

要靠就靠自己，唯有学会自己动手，才能真正丰衣足食。

你的命运，由你自己掌控

哈佛大学的学子们大多认同维尼曾经说过的这样一句话："平凡的人听从命运，只有强者才是自己的主宰。"他们深深相信，自己的命运掌握在自己手中，需要自己主动去创造。如果你失去了这种自主能力，你的人生必定黯淡无光、一事无成。

在现实生活中，人们常有一种"托付思想"，即将自己的命运托付给别人掌控。这种"托付"有时是主动的——因为掌控不易，所以干脆放弃掌控，懒得掌控；有时是被动的——因掌控不了，无奈之下，不得不放弃掌控权；而有时却是不知不觉的。不管怎样，他们的命运始终不是掌握在自己手中。但其实，命运就在自己手中，决定自己命运的也正是自己本身，而不是别人。

为了给学生们讲述"掌控自己命运"的重要性，哈佛的教授们常常喜欢讲这样一个故事：

一位禅师经常和众人谈到"命运"这个词，一个忠实的听众一直坚信着"命运"的说法。他每天都会去拜访禅师，他每天都在盼望着生活会发生奇迹。他想：既然有命运，那么一切都由命运来安排吧。

他一无所成，也无所事事，因为他相信命运，那些该属于自己的终将会是自己的，他相信一切都会如约而来。

然而，年复一年，他的生活一直是平庸的，没有辉煌和光明，只有灰暗和贫穷。拮据的生活状况让他不得不开始怀疑禅师的话，但他转念一想：难道是自己的命运注定如此吗？但他并不相信，根据各种算命、看手相的结果，他都应当是大富大贵的命运，但现实却与富贵毫无关系。

带着疑问他去拜访禅师，心怀不满的他甚至想要与禅师争吵。他皱着眉头，问禅师："您说真的有命运吗？"

"有的。"禅师静静地回答。

"但我的命运在哪里？是不是我的命运就是黯淡和贫穷呢？"他大声地说，神色凝重，语气低沉。

禅师微笑着看着他，让他伸出左手，然后指给他看，说："你看清楚了吗？这条横线叫作爱情线，这条斜线叫作事业线，另外一条竖线就是生命线。"

这些东西自然是他非常熟悉的，他疑惑地点点头，还是不知道禅师要说些什么。

禅师又让他跟着做一个动作：把手慢慢地握起来，握得紧紧的。

那人更加疑惑了，他只是机械地跟着禅师握紧拳头，此时心头的愤怒已经减少许多。

禅师问："你说这几根线在哪里？"

那人看看自己的手，断断续续地说："在我的手里啊！"

"命运呢？"禅师颇有深意地问。

那人终于恍然大悟：原来命运是在自己的手里而不是在别人的嘴里。

自此，那人再也不坐等命运的垂青，而是积极行动，终于成为富甲一方的大商人。多年以后，那人再次拜访禅师，禅师还是如当日般微笑着迎接他的到来。

那人静静坐在禅师旁边，摊开手掌，说：“大师，我仍然相信命运，相信掌握在我手中的命运！”

年轻人最后顿悟了——我仍然相信命运，相信掌握在我手中的命运。贝多芬曾说：“我要扼住命运的喉咙，它绝不能使我完全屈服。”这是人生的励志名言，激励了无数人挑战命运，达到自我完满的境界。

然而，事实是，现实生活中的大多数人所受到的生活的“刁难”并非如贝多芬一般如此令人绝望。可是，仍有许多人选择向命运屈服，或是被一个小小的挫折和困难打倒，再也爬不起来，更没有去掌握自己命运的勇气和担当。

哈佛精神修炼要点

漫漫人生路，没有谁是一路鲜花、满载阳光走过来的，没有谁能够轻言自己以后不会再遭遇挫折和打击，成功的路上往往布满了荆棘和险滩。如果因为一时受挫就轻易退出“战场”，半途而废，到头来懊悔的只能是你自己。

那么，我们该如何把自己的命运握在手中呢？

1. 须知“滴水可以穿石”

每一天的努力，即使只是一个小动作，持之以恒，都将是明日成功的基础。所有的努力，所有一点一滴的耕耘，在时光的河流里汇集起来后，萃取而出的成果都将是令人艳羡的“成功之果”。

2. 要学会勇敢地做出选择

命运的转轮始终都在转动，我们的幸运就在做出选择的那一秒钟。要对自己保持信心，勇于尝试，敢于冒险。

唯有你自己，才是最可靠的

在哈佛大学里流传着美国著名女诗人穆尔的一句名言：“胜利是不会向我走来的，我必须自己走向胜利。”每一个哈佛大学的学子对此都深信不疑。求人不如求己，不要总想着要别人帮你什么，人生是自己的，只有自己才是最可靠的。

在现实生活中，许多人在面对难题的时候，总是习惯于把希望寄托在别人身上，总以为别人比自己强，而不愿相信自己。殊不知，依赖别人永远是第二选择，第一选择应当是依靠自己，用自己的勤奋和努力去解决问题。因为，只有自己才是最可靠的。

下面是一则相当著名的小故事，哈佛大学的师生们几乎人人皆知：

一次，下了一场非常大的雨，洪水开始淹没整个城市。城市里有一座教堂，主持教堂的是一个无比虔诚的神父，他已经许愿要终生侍奉上帝，他相信上帝每时每刻都会垂怜于他。洪水肆虐时，神父正在教堂里祈祷，眼看洪水已经淹到他的身体了。神父依旧紧闭双眼，默默祷告着上帝的救赎。

突然，一个年轻的救生员开着小艇来到神父的身后。他着急地对神父说："神父！快！快上来！不然洪水会把你淹死的！"

让人难以想象的是，神父居然神色安然，慢慢地说："不，我要守着我的殿堂，我深信上帝会来救我的。"

无论救生员如何阐释洪水的危险，倔强的神父就是不肯走。迫于危险的灾情，救生员无奈地离开了。

过了不久，洪水已经淹过神父的头了，神父只好勉强站在桌子上。这时，一个警察开着小艇对神父说："快！快！快上来！不然洪水会把你淹死的！"

神父摇摇头，朝向上帝的神像说："不，我要守着我的殿堂，我深信上帝会来救我的。"

洪水继续快速上涨，警察试图将神父强行拉到救生艇上。神父却拉着上帝的神像，不肯上去。于是，警察也很无奈，离开了。

又过了一会儿，洪水已经把教堂淹没了，神父只好抓着十字架，他相信上帝会在最后一刻营救他。

为了挽救神父，政府集结了大批人员对他进行营救。城市里的所有人都在想尽办法劝导这个执迷不悟的神父。

这时，一架直升机缓缓开了过来，丢下绳梯之后，服务人员大叫："神父！快！快！拉着绳梯爬上来！不然洪水会把你淹死的！"

神父还是意志很坚定地说："不！我要守着我的殿堂！我深信上帝会来救我的！"

于是，直升机上的人员也很无奈，离开了。

但是，水还是一直涨，一直涨，神父终于对上帝失望了，他决定质问上帝。就这样，虔诚的神父被淹死了……

神父上了天堂后，见到上帝就很生气地问："你是怎么搞的呀？这样，你的子民还会相信你吗？"

上帝说："你到底想怎么样？我已经派了两艘小艇和一架直升机去救你了！可是，是你自己错过了被救的机会。"

神父微微一怔，不知该说什么好。

说起靠自己，美国著名艺术大师卓别林也曾经说过一句话："人必须相信自己，这是成功的秘诀。"别人无法帮你度过你的人生，也无法永远活在你的舞台之上，更多的时候，你需要做的，就是靠自己。

正如叶子飞得再高也会落下来，因为它靠的是风的力量。男孩们，你们要想取得成功，必须依靠自身的力量。小仲马说："要是靠我的父亲大仲马而成名，我宁愿默默无闻。"正因他没有依靠自己的父亲，才能写出《茶花女》这样的世界名著，享誉文坛。

哈佛精神修炼要点

靠大树可以乘凉，靠桥梁可以通行；但若自己不种树、不造桥，也无凉可乘，无桥可过。所以，千万不要把希望寄托在别人身上，学会自立，学会自强，才能开启一个勇敢无畏的人生。

1. 养成独立思考的习惯

在生活中遇到难题时，我们要养成先自己独立思考，若解答不了再请教他人的习惯。这样做，能让你不总想着去依赖他人的帮助，有利于养成独立自主的好习惯。

2. 虚心向他人学习

善于发现自己的不足之处，留心身边的朋友和同学是如何做的，多听、多看、多学，从而使自己有所提高。

3. 一定要对自己有信心

信心有时候是在别人的称赞中得到的，但更多时候，是自己给自己的。当你慢慢把事情一样样做好时，信心自然就会有的。

精英养成语录

该让每个人竭力保持自己的独立性，不依赖任何人，无论他怎样爱这个人，怎样相信他。

——车尔尼雪夫斯基

精英养成要点 3

◆ 一个人只要具备了责任心，他就会拥有强烈的自信心与使命感，会不断进取，对生活投入极大的热情，会自觉按时、按质、按量地完成工作任务，主动处理好手头的工作。

◆ 借助他人的力量，既是一种技巧，也是一种智慧。

◆ 一个人只有敢于承担一定的责任，才有可能被赋予更大的责任。人一旦失去责任心，即使是做最擅长的工作，也会做得一塌糊涂。

◆ 每一段成功之路都洒满了勤奋的汗水，只有勤奋的汗水才能让你人生的园地更加肥沃，开出绚烂的花朵。

◆ 别人无法帮你度过你的人生，也无法永远活在你的舞台之上，更多的时候，你需要做的，就是靠自己。

PART

4

哈佛理性思维

指 引 男 孩 树 立 正 确 的 成 功 观 念

哈佛大学信奉理性，特别是在对待成功的态度上。他们明白，成功根本没有捷径，唯有一步步脚踏实地，才能迎来人生的灿烂时刻。理性看待自己的人生，学会该放弃时就放弃，能坚持的时候就坚持，走好人生的每一步。

成功从没有捷径

每一个哈佛人都明白这样一个浅显的道理：成功没有捷径。一个人如果做到了别人做不到的事，那么他必定承受了别人承受不了的痛。如果我们想要有所成就，就应该脚踏实地地努力，不要企图凭借小聪明来逃避艰苦的奋斗过程。因为，成功拒绝每一个走捷径的人。

“终南捷径”是人人渴求的成功捷径。人们如此渴盼成功，翘首企盼幸运之神会眷顾自己。殊不知，成功是没有捷径的，而所谓的捷径往往是死径。

正如早出的飞蛾往往活不过几个小时。它们面对早到的成熟，除了微弱地喘息，根本无能为力。哈佛大学的教授在一堂人生课上，就给学生们讲了一只“早出的飞蛾”的悲剧：

很多人不知道，当飞蛾在由蛹变茧时，翅膀要萎缩成柔软的薄片；当它破茧而出时，必须经过一番痛苦的挣扎，身体中的体液才能流出，翅膀才能获得飞翔的力量，才可以完成破茧成蝶的最后一步。

获得新生是如此美好，破茧成蝶却如此痛苦。

一天，一个人出于好奇，找来了一只茧，想观察飞蛾破茧成蝶的整个过程。他耐心地等待着最后一刻的到来，心情一天比一天激动。他不断幻想着蚕蛹透明干净的身体，它们微微地蠕动，它们张开翅膀首次飞行的努力，它们遨游天际的兴奋。

一段时间过后，茧终于开始轻微地活动，好像里面的飞蛾马上要破茧而出一样。小小的茧扭来扭去，但飞蛾却一直都没有出来。

怎么回事？这个人心生疑惑。难道是飞蛾力气不够？

为了让那只蛾能很容易地从茧里爬出来，他自作聪明，欢喜地找来一把小剪刀，小心翼翼地在茧上剪了一个小洞，然后一动不动地观察着飞蛾的动静。他一直扬扬得意，认为自己做了一件有功德的好事儿。

果然，不一会儿，那只“难产”的飞蛾就顺着小洞，从茧里艰难地爬了出来，但是身体却非常臃肿，翅膀也异常萎缩，有气无力地耷拉在身体两边，根本伸展不开。这个人有点意外，这不是他想象中的。

这只早出的飞蛾，因为没有经过自我挣扎，翅膀丝毫没有力量，只能跌跌撞撞地爬着，怎么也飞不起来。

过了一会儿，飞蛾死了。这个人在一旁看着这一切，他不知道是什么造成了这样的后果。

他不知，正是他为飞蛾创造的“捷径”，让飞蛾失去了生命。

俗话说得好：“努力不一定成功，但成功必靠努力。”成功是没有捷径的，万丈高楼也是平地起的，绝大多数专家的学识、才干也是日复一日积累起来的。心理学家阿德勒曾说过：“假如我的目标保留未变，而我的梯子又被拿走了，那我会用椅子继续往上爬；假如椅子也被拿走了，我会用跳，或用我的肌肉来攀爬。”妄想一飞冲天，不付出努力就获得成功，无异于痴人说梦，只能跌得粉身碎骨。

在生活中，几乎所有的人都期盼成功，但并不是每个人都会为走向成功全力以赴。事实上，每一个男孩都必须建立这样的一种理性观念：要获取真正的成功，每个人都必须经历艰辛。无论你出身豪门还是来自底层，都得接受这样一个事实：成功没有捷径可走，只有顽强的意志与坚持不懈的奋斗才能带你走向成功。

哈佛精神修炼要点

那么，我们该如何一步步走向成功呢？

1. 勤能补拙

这个世界需要的不是耍小聪明的人，而是懂得“一分耕耘一分收获”的辛勤耕耘者。那些不肯努力却每天做着白日梦的人，终将会被别人唾弃，被世界淘汰。

2. 坚持不懈，艰苦奋斗

当我们确定了自己的梦想、坚定了自己的目标后，要时刻记得：成功没有捷径，唯有艰苦奋斗才能收获胜利的果实。

3. 学会用发展的眼光看问题

成功的人都有一个共同点，那就是他们拥有发展的眼光，不求当前的每一分努力都会获得回报。他们甘愿做吃亏的“傻瓜”，然而，这看似吃亏的事情，换来的可是未来成功的资本。

人生需要突破，大舞台成就大梦想

在哈佛大学里，学子们常常提到这样一句话：“如果惧怕前面的山岩，生命就永远只能是死水一潭。”哈佛大学的学子们都相信，人生需要突破，不要被眼前的“山岩”遮住了眼睛，失去思考和判断的能力。也许，你与突破自我只有一步之遥。

因为目光短浅，一只井底之蛙看不到天地的广袤；因为孤芳自赏，墙角的花一味局限于自己的世界。生命是有尽头的，而追求却是无止境的。我们应该认识到——山外有青山，楼外有高楼。人生需要突破，唯有挣脱心灵的桎梏，谦虚向上，放宽眼界，你才能突破自我，寻找到自己的舞台，实现人生的精彩。

哈佛大学的教授们曾经在课堂上讲过这样一个关于“自我突破”的寓言故事：

有一条通体发红的鱼在很小的时候被捕上了岸，捕到它的人是一个年轻的父亲，他有一个年幼的女儿。那是个可爱、善良的女孩，天生对大海、对鱼类充满不可抑制的热爱。年轻的父亲看它太小，而且很美丽，便把它当成礼物送给了女儿。

果然，小女孩非常喜欢这条鱼，将它视为宝贝。她把它放在一个鱼缸里养了起来，但它非常不喜欢鱼缸的狭窄。每天，它游来游去时总会碰到鱼缸的内壁，心里便有一种不愉快的感觉，它一直渴望回到大海的广阔怀抱里。

后来鱼越长越大，在鱼缸里转身都困难了。全家人都没有想到，这条鱼可以长这么大。女孩为了让它有活动空间，便给它换了更大的鱼缸，它又可以游来游去了。

刚搬到新家的鱼有些兴奋，快活地游来游去。时间一长，它又有些厌倦了，特别是每次碰到鱼缸的内壁，它畅快的心情便会郁闷起来。它有些讨厌这种原地转圈的生活了，索性静静地悬浮在水中，不游也不动，甚至连食物也不怎么吃了。它更加想念大海的自由生活了！

女孩看它很可怜，于心不忍，和家人商量后便把它放回了大海。

分手那天，闻到海腥味的鱼异常兴奋，摆动着尾巴快速融入了大海。它如此兴奋，竟然忘了回头看看忧伤的小主人。它终于回到了梦寐以求的大海，它在海中不停地游着。但奇怪的是，它心中却一直快乐不起来。它怀念起以前的日子——平稳、安逸、舒适的日子，它甚至有一种想要再次触碰鱼缸的冲动。无奈，它怎么也游不到边际。它灰心丧气地叹着气。

一天，它遇见了另一条鱼，那条鱼问它：“你看起来好像闷闷不乐啊？”

它摇摇头，沮丧地说：“啊，这个鱼缸太大了，我怎么也游不到它的边！”

另一条鱼哈哈大笑，说：“这可是在大海里，大海是无边无际的！”

故事中的小鱼，在鱼缸中待久了，心也变得像鱼缸一样小，不敢有所突破，尽管有一天到了一个更为广阔的空间，但那已经变小了的心反倒无所适从了。

很多时候，我们就像故事中的那条小鱼，那条思想被禁锢了的小鱼。正如毛泽东所写：“天井四四方，周围是高墙。清清见卵石，小鱼囿中央。”男孩们，如果你选择一如既往地平淡下去，不敢有所突破，一味随遇而安，“只喝井里水”，又如何能长大？

所以说，人生是需要突破的，我们应该放开自己的思维，拓展自己的天地，千万不要让自己的心越变越小，只有勇于突破才能获得成功。

哈佛精神修炼要点

有人安于“平平淡淡才是真”，有人却向往“生如夏花之绚烂”。不同的思想，成就的是不一样的人生轨迹。你想成为一个什么样的人？你想要一个什么样的天地——小小的鱼缸还是广阔的大海？自然，大多数人都渴望大海般的广阔天地。为了拥有大海的广阔，你必须在心中坚定这样的信念：

1. 突破与不变只是一念之间，它们之间的距离往往被人忽视不见

经过千思万想、无数次的内心挣扎，你终于下定决心参加一个十分重要的比赛，这就是突破；你满怀期待地计划着暑假一个人的远途旅行，想着旅途中可能面对的未知，你没有退缩，把这当成突破自我的一个好契机，这就是突破。

2. 打破禁锢，勇敢地去做，才有可能实现自己的抱负和理想

如果你只是在白天想一想，晚上梦一梦，却从来都不付诸行动的话，那你的梦想也只能成为“空想”了。你会依旧平平庸庸、恍恍惚惚地过每一天，被禁锢在自己的牢笼里。

正确对待他人的评价

如果你有幸和哈佛大学的学子交谈，你会发现，他们大多数思维理性而严谨，很多时候不太在意别人的看法。也许，在学生群中流行的这样一句话可以给你答案："太在乎别人的看法，就会活在别人的眼光里；总在乎别人的看法，就在无形之中给自己加重了负担，使自己变得畏畏缩缩。"

哈佛大学的学子们懂得正确对待他人评价的重要性。他们知道，如果自己的事要办，别人的看法又要顾及，最后两头使力，只会导致一事无成。唯一可行的方法是：学会适当地"孤芳自赏"，并正确认识自己的优势和劣势，决不因外界的议论而停止自己的行动。

哈佛提倡理性与自主，而如何理性认识自己的价值并正确看待他人的价值，一直是哈佛大学的教授们强调的重点所在。有一天，一位哈佛大学的教授在课堂上给学生们讲了这样一个故事：

一位年轻人对老师说："老师，我觉得自己什么事也干不好。没有人看重我，我该怎么办呢？”

老师说：“孩子，我很同情你的遭遇，但却不能帮你，因为我必须先处理好自己的问题。”老师停顿了一会儿，说：“如果你愿意帮我，我就可以很快处理好问题，然后也许就能帮你了。”

“好吧。”年轻人犹豫了一会儿，但还是答应了。

于是，老师从手指上脱下一枚戒指交给年轻人说：“你到集市上把这枚戒指卖了，因为我需要钱还债。换回的钱越多越好，无论如何不能少于1个金币。”

年轻人到了集市。但是，当听年轻人说戒指的最低价不能少于1个金币后，集市上的人有的哈哈大笑，有的说年轻人头脑发昏，只有一位慈祥的老太太告诉年轻人他要价太高了。年轻人穿过集市，到处兜售戒指，但没人肯出1个金币。年轻人只好灰心丧气地回到老师身边。

年轻人说：“老师，对不起，我没能达到你的要求。也许我可以卖到2个或3个银币，但我觉得那不应该是这枚戒指的真正价值。”

“孩子，你说得太对了。”老师笑着说，“你再去一趟珠宝店，没有人比珠宝商更清楚它的价值了。你跟珠宝商说我要把戒指卖掉，问他能出多少钱，但不要真的卖掉它，问完价格后你就把戒指带回来。”

珠宝商仔细看了看戒指后说：“告诉你的老师，如果他想卖戒指，我最多可以给他58个金币。”

“58个金币！”年轻人惊呼道。“对。”珠宝商说，“如果不着急的话，我可以出70个金币，可是如果你着急脱手……”

听到这里，年轻人就兴奋地跑回去，将在珠宝店发生的一切告诉了老师。“孩子，坐下，”老师说，“你就像这枚戒指，珍贵、独一

能正确对待他人的评价，
是聪明而理性的表现

无二，只有专家才能真正判定你的价值。你怎能期望生活中随便一个人就能发现你真正的价值呢？”老师将戒指套回手指上，接着说：“我们所有人都像这枚戒指，珍贵、独一无二。不过，我们进入生活的市场后却希望毫无经验的人肯定我们的价值，并且会受到这种不客观、不全面的评价的影响。这是不是太盲目了？”

能正确认识自己的价值所在，是聪明而理性的表现。故事中的年轻人最终认识到，每个人都是独一无二的，他有自己的优势，如果盲目地被周围人不客观、不全面的评价影响，无疑是可悲的。

但是，能学会不为他人的看法所左右，并非那么简单。所以，男孩们，我们需要一颗理性的心，能够认真地审视自己，发现自己的价值，在适当的时候，不妨捂住自己的耳朵。

哈佛精神修炼要点

不同的人对同一件事、同一个人的看法都不一样，所以我们不能被别人的评价左右，要正确对待他人的评价。

1. 要正确地认识自己、评价自己

那些能正确认识自己的人，不会随波逐流，因为他们知道自己真正想要的是什么，而且非常自信，所以不在乎别人以异样的眼光来看待他们。

2. 不要因为别人的评价轻易改变自我

无数事实告诉我们：别人的评价经常带着某种情绪，并不能反映自己的真实情况。按别人的评价来决定自己的行为，经常会干蠢事。如果我们能对自己的所作所为做到心中有数，那么自我评价也许就是最准确的。

做一个输得起的人

人生有如牌局，有赢也有输；人生如股市，有的赚得金银满钵，有的赔得血本无归。成功的人生也好，不得志的人生也罢，都曾遭遇过挫折和失败。哈佛大学的一位教授就曾这样告诉自己的学生：“人生有输有赢，既然无法摆脱失败的遭遇，我们就要时刻都有输得起的准备。”

你以什么样的心态对待生活，生活就以什么样的态度对待你。只要不轻易放弃，坚持下去，最卑微的人也会达成人生的目标。只有以输得起的理性心态面对生活，坦然承认自己的失败，才能摆脱怨天尤人等消极情绪的纠缠，从而在绝境中重拾希望。

在一次课堂上，哈佛大学的教授为了教导学生要有勇敢拼搏的精神，便引用了美国股票大王贺希哈一句经典的话：“不要问我能赢多少，而要问我能输得起多少。”换言之，也就是“一个人只有输得起，才能赢得最后的胜利”。

贺希哈在17岁的时候，就开始了自己的事业。他第一次赚大钱的时候，也是他第一次得到教训的时候。那时候，他一共只有255

美元，在股票的场外市场做一名掮客。不到一年，他就发了第一次财，赚取了16.8万美元。他为自己买了第一套像样的衣服，并在长岛买了一幢房子。但是，第一次世界大战的休战期来到了，贺希哈聪明得过了头，他以随着和平而来的大减价的价格，毫不犹豫买下了隆雷卡瓦那钢铁公司，结果却受到了欺骗，只剩下了4000美元。这一次，他得到了深刻的教训："除非你了解内情，否则，绝对不要买大减价的东西。"

后来，贺希哈放弃证券的场外交易，去做未列入证券交易所买卖的股票生意。开始，他和别人合资经营。一年以后，他开设了自己的贺希哈证券公司。到后来，贺希哈做了股票掮客的经纪人，每个月可以获取20万美元的利润。

安大略北方早在人们淘金发财的那个年代，就成立了一家普莱史顿金矿开采公司。这家公司在一次火灾中设备全部被焚毁，造成了资金短缺，股票跌到不值五分钱。有一个叫道格拉斯·雷德的地质学家，知道贺希哈是个思维敏捷的人，就把这件事告诉了他。贺希哈听了以后，拿出2.5万美元做试采计划。几个月就挖到了黄金，仅离原来的矿坑25英尺。这座金矿，每年给贺希哈带来250万美元的净利润。

贺希哈告诉我们：要想得到红利，就必须先拿钱投资。同样，想要获得成功，则必须先有所牺牲——牺牲自己的时间、收入、安定的生活、享受等，要随时全神贯注地做好准备，一有机会出现，就要牢牢地将它抓住。

当然，机会抓住后，风险是时时存在的，所以我们要时时刻刻谨慎小心，随时准备好应付突如其来的状况，并一一地加以克服。

慢慢地，我们便能注意把握身旁其他有利的机会，正确判断自己行进的方向。害怕失败或仅经历一次失败便畏缩不前的人，是看不到隐藏于失败背后的光明的。

总之，只有输得起的人，才能赢得起。不怕输的男孩，才有可能成为最后的赢家。

哈佛精神修炼要点

既然人生总是喜忧参半，挫折与失败一路跟随，那么怎样才能让自己做一个输得起的人呢？

1. 要注意增强自己的心理承受能力

要提高自己的心理素质，增强自己的抗压能力和处理危机的临时应变能力。在日常生活中，一次考试的失败、一次比赛的失利，都是增强你心理承受能力的好机会。

2. 学会换一个角度看问题

此刻的失败是为了再次出发，我们要学会从失败中发现未来的曙光。换一个角度看问题，你会发现原来任何失败都是对你的考验，能帮助你成为一个输得起的人。

冷静是人生最好的伙伴

伟大的文学家狄更斯说：“不管发生什么事，都要沉着冷静。”每一个哈佛大学的学子身上都有这样的特质，他们懂得遇事冷静，不盲目慌张，失去理性。可以这样说，冷静是人生最好的伙伴，它能让你头脑清醒，看得更远，想得更多，收获人生的睿智。

中国古语有言：“冷静观人，冷耳听语，冷情当感，冷心思理。”也就是说，人应当用冷静的眼光观察人，用冷静的耳朵听言谈，用冷静的心态处理事情，用冷静的头脑思考问题。遇到困难时，不要着急心慌，不妨让自己先冷静下来。

静下来，才听得见心跳声——这是一位哈佛大学的教授通过一个小男孩告诉我们的一个简单道理：

从前，有一个失意的木匠，他对自己的现状很不满意。他已经结婚八年了，生意一直不温不火，有一个孩子。八年的婚后生活平淡如水，让他丝毫提不起兴趣。于是，这个男人开始抱怨，开始指责，抱怨命运不济，指责妻子、孩子和他看不顺眼的所有人。他无法让自己保持平静，也无法让家庭重返往日的幸福。他的头脑一片混乱，他的思维毫无头绪。他觉得自己失败极了，他对生活失望极了！

一天，在工作的时候，他不小心把手表掉落在满是木屑的地上。满地的木屑迅速将手表吞没，木匠看不到它！原本就躁动不安的木匠变得十分气愤，觉得上帝也在戏弄他。

“噢，该死！”他一面大声抱怨自己倒霉，一面蹲下身子，焦急地拨动着地上的木屑，想找出他那只心爱的手表。可手表仿佛逃匿了一般，无影无踪，木匠怎么也找不到它。

许多人见此情形，也提了灯走过来，与他一起寻找。可是找了半天，仍然一无所获。地上的木屑堆积如山，搜寻起来并不容易。

到了午饭时间，人们都去吃饭了。木匠不甘心，仍然趴在地上仔细搜寻着。他非常喜欢那只手表，那是父亲送他的结婚礼物，也是承载他对已逝父亲的情感的唯一物件，他必须要找到它！

这时，木匠的孩子走了进来，看见父亲趴在地上，很是奇怪。

“爸爸，你在找什么呢？”

“手表，不小心掉到木屑里了。”木匠一边说着，一边伸手擦了擦额头上的汗，他无暇理会这个还不到6岁的孩子。

这个孩子想了想，悄悄地坐了下来，没一会儿工夫，居然把手表给找到了！

木匠又高兴又惊奇地问孩子：“孩子，你怎么找到的？”

孩子回答说：“我什么也没干，只是静静地坐在地上，一会儿，我就听到‘嘀嗒’‘嘀嗒’的声音，就知道手表在哪里了。”

木匠怔怔地站在原地，然后轻轻地将孩子抱进怀里，说：“是应该安静一些了！”

哈佛大学的学子知道：冲动是魔鬼，冷静的人，才能成就未来。

哈佛大学的学子还知道：真正的坚忍，是当一个人无论遇到什么灾祸或危险的时候，他都能尽量自处，尽量坚持而不放弃。

男孩们，要学会做一个冷静的人，因为浮躁和冲动只会蒙蔽我们的眼睛。

哈佛精神修炼要点

冷静产生智慧，冷静产生信心，冷静产生力量。冷静是一种实际能力，并非天生具备，而需后天的历练。

1. 三分钟决定法

在每次采取行动前，我们不妨先冷静地好好思考三分钟。

2. 养成多角度看待事物的习惯

任何事物并非只有一面，我们要学会从不同的角度出发来看待事物。

3. 增强冷静应对的本领

我们要理智待人处事，学会忍耐和克制，学会宽容和谅解，不感情用事、莽撞冲动；要独立观察和思考，树立大局意识，善于谋划决断，不随波逐流、人云亦云。

不畏人生弯路，才能收获成功

人生路漫漫，何曾有坦途？哈佛大学的学子们明白：人生路上不仅客观存在着“弯路”，而且也确实需要一些弯路。因为弯路有助于磨炼意志、锻炼毅力、培养才干，并促进成熟。既然人生的“弯路”无处不在，那你就应该拒绝畏惧，拒绝胆怯，迎难而上。终有一天，你会收获真正的成功。

“欲穷千里目，更上一层楼。”楼下的人看风景，楼上的人看人生。绝大部分的人都渴望早日成功，荣登顶峰。抱持着对成功的渴望，人们对励志书、对成功人物格外青睐，想借此寻求直达成功的方法。但是，能真正踏着他人的路走向成功的人却是极少的。每一个成功的人都有自己的成功模式，谁也复制不来。

跟随别人的脚步，是想少走一些弯路，少吃一点苦。可是，他人的人生我们根本无从“拷贝”，而有些弯路，我们必须走过。

每一个男孩都必须明白：只有不畏弯路的人，才能收获成功。

有一年的5月，某高校举办著名企业家报告会，很多名震全国乃至世界的中国籍企业家都会参加。这次报告会吸引了很多学生，特别是那些渴望早日成功、有自主创业梦想的年轻人。距离报告会还有一小时，报告厅里已经人头攒动，热闹非凡。大家都在等待那些成功的企业家，希望从他们身上汲取智慧和力量，寻找成功的捷径。

报告会终于开始了，一位毕业于哈佛大学的企业家的过人风采迷倒了众多人。其中，有一位年轻人向作演讲的企业家提出了这样一个问题："请问您过去走过什么弯路没有？"

没想到，这位企业家立刻干脆利落地回答道："我不承认自己走过什么弯路，我只知道自己一直走在成功的路上。"台下一片哗然，大家都觉得企业家不免太过自信，一些人甚至不满地离开了现场。企业家看看台下的人，依然面带微笑，或许他早已料到观众的反应，丝毫不觉得尴尬或意外。

"那您能不能给我们年轻人指示一条成功直线，让我们少走弯路呢？"这位年轻人继续问道，脸上带着疑惑，但更多的是坚定的希望。

"年轻人，成功从来就不是只要走一条直线就能拥有它。成功就像爬到山顶一样，哪里有什么直路可以走呢？"企业家笑着回答。台下又是一片骚动，大家开始赞叹企业家的智慧。

是的，在人生的旅途中，我们每个人都想找一条更省力气的路到达山顶。所以，人们常常追问已经登顶的人，到底哪一条才是直通山巅的捷径。

可是，那些正从山顶上下来的人却说："山上哪有什么捷径，所有的路都是弯弯曲曲的。想要到达顶峰，必须不断地征服那些根本就看不到路的悬崖峭壁。"

是的，天上不会掉馅饼。不要害怕人生路上那些蜿蜒曲折的“弯路”，它是我们通往成功的必由之路。

学会端正自己的成功态度。作为一个男孩，我们应该明白弯路并不可怕，可怕的是怀有一颗“一步登天”的懒惰之心。

哈佛精神修炼要点

一个人的成长经历或者人生历程，就是不断增长知识、不断积累经验的过程。这当中很难找到捷径，往往是在探索“弯路”的实践中螺旋前进的。不畏“弯路”，才能看到锦绣风光。

1. 摆正你的心态

在生活中总有一些人不劳而获，他们家庭环境优越，丰衣足食，似乎根本不用付出什么。我们千万不要因此而陷入羡慕、嫉妒的泥淖之中，停止了自己迎难而上的脚步。要摆正自己的心态，积极乐观，相信“一分耕耘一分收获”，相信自己的人生独一无二。

2. 不要惧怕前方的未知

人生是一条路，你永远不知道前方有什么在等着自己，只有一步一步走下去。不论成功与否，一路上的风景都会成为你无法忘怀的财富。

3. 学会时时总结，剖析自身

在行走途中，理性思考和总结也十分重要，行思须结合。

有时候，放弃也是一种智慧

闻名世界的巴尔扎克曾经给后人留下这样一句话："在人生的大风浪中，我们常常学船长的样子，在狂风暴雨之下把笨重的货物扔掉，以减轻船的重量。"几乎每一个哈佛大学的学子都将这句话铭记于心。因为，他们知道，学会放弃，也是一种勇气，更是一种过人的智慧。妄想得到是人类的本性，可懂得松手和放弃，也是一种有理性的表现。

在日常生活中，虽然我们不能轻言放弃，但也要懂得适时放弃。人生需要放弃的勇气，放弃了无路可走的死胡同，你就能迎接一个崭新的契机，这是难得的智慧。该执着时执着，该放弃时放弃，青少年们需要衡量清楚。

马云也曾经说过："人要成功，一定要有永不放弃的精神。而当你学会放弃的时候，你才开始进步。"放弃与否是一场心灵的较量，是与自己的内心做斗争。敢于说放弃的人，是聪明的，因为他能够控制自己的内心，把握命运的脉搏。

在美国有一档收视率很高的节目，主持人非常了解人们的心理，总是能把节目主持得恰到好处，既能吸引人们参与，还会时不时地把大家逗得哈哈大笑。

这个节目充满了智慧和人性的美丽，它给人创造了一个实现梦想的机会。虽然很多人在实现梦想的过程中铩羽而归，但是也有人能够挑战成功。在节目过程中，女主持人的微笑有无穷的魅力，参与者在她微笑而带鼓励的“继续吗”的提问中，往往都是一往无前地继续下去。

在这个节目中，能答对全部12道题的人很少，有时关键时刻的一次失误，就会令答题者前功尽弃，被淘汰出局。大多数选手面对这种新鲜刺激的玩法，都选择了“继续”，因为这是一个挑战梦想的机会，每一个人都不愿意轻易放弃。

这一天，有一位毕业于哈佛大学的人坐在了主持人的对面。他很聪明，也很幸运，已经闯过了九关，到第十关了。这道题的难度很大，他毫无把握，求助、找人询问，所有的求助方法已经全部用完，他还是得不到什么结果。观众席上，怀孕的妻子在关切地看着他。

漂亮的女主持人仍像以往一样，微笑着问对面的挑战者：“继续吗？”

他皱着眉考虑了片刻，又展开笑容，轻声说：“放弃。”

女主持人一愣，在这个节目里很少有人会选择放弃，这是一个全国性的节目，在全国电视观众面前，就算是失败了，也是轰轰烈烈的，如果运气好或许就能蒙对了。就这么放弃，那不是一生的遗憾吗？

主持人没有死心，继续问：“真的放弃吗？”并且，一连问了三次。这位挑战者没有犹豫，坚定地说：“放弃。”

主持人又问：“不后悔？”他笑了：“不后悔，我的梦想都已经实现。该得到的都已经得到了，这个时候放弃了，有什么好后悔的？”

在准备离开的时候，女主持人看着他怀孕的妻子问他：“你今天选择了放弃，如果你的孩子长大后问你：‘爸爸，那天的挑战节目你为什么不坚持到底？’你该怎么回答？”

他说：“我会告诉我的孩子，人生没有十全十美，也不一定每一个人都非要走到最高点。”

主持人又接着问：“如果你的孩子又问：‘我以后考80分就满足了，行不行？’”

他笑着回答：“如果他已经尽了自己最大的努力，80分也可以。因为第一只有一个，并不是每个人都能当第一。人只有懂得放弃，才会得到更多。”

他的话音刚落，全场就响起了热烈的掌声。

说起放弃，不得不说说半路辍学于哈佛大学的比尔·盖茨，他就是一个放弃的勇者。在一堂计算机课上，他与一个志同道合的朋友坐在一起，谈论着如果成功研制了某软件，就会使整个计算机领域出现空前的飞跃。经过再三思量，他勇敢地提议——辍学研制该软件。可是，那个朋友犹豫了，最终他拒绝了。但是，比尔·盖茨知道有些东西可以放弃，可有些东西永远也不能放弃。于是，他放弃了上学深造的机会，换来的却是三年后的辉煌成功。

可以说，正因为懂得放弃，比尔·盖茨才能在自己的领域自由翱翔。当然，比尔·盖茨只是一个个例，放弃学业也并非人人可取的事。

每一个男孩都必须明白：有时候，放弃也是一种智慧。

哈佛精神修炼要点

懂得放弃需要勇气，只因很多人看不清放弃与得到之间的关系。所以如何看待放弃，就显得至关重要。

1. 放弃并不是软弱

放弃虽表面上看似软弱，实则是一个人有力量的表现，它需要极大的勇气和胆识，特别是在成功和胜利接踵而至时，懂得放弃，才更具大将风度，更显英雄本色。

2. 放弃与得到是辩证统一、相辅相成的

在这方面放弃，在别的方面就会得到；在这方面得之越多，在别的方面就会失之越多。得失之间常常是平衡的。生命的历程是短暂的，人的一生值得追求的东西太多，有的东西我们不得不放弃，懂得放弃，才会懂得拥有。

3. 放弃，不是无原则的放弃

要果断放弃的，是功名利禄之类的“好事”，任何功名利禄都是身外之物，都是暂时的，有朝一日总要失去的。正如有人所说的“人活一口气，当官一张纸，死后一包灰”。有时候，放弃这些“好事”，不仅是获得，而且是更高层次的获得。

4. 放弃还是一种境界

放弃是一种睿智。懂得放弃的人，他们有所为有所不为，总能站在人生的制高点上分析问题，采取正确的决策。

放弃也是一种大度。懂得放弃的人不会在乎一城一池的得失，他们的目标往往更为高远、更加宏大。

越是着急，事情越是做不好

在为人生奋斗的道路上，我们匆匆赶路，都想快起来，快一点成功，快一点过上自己想要的生活。可人就是这样的，越是着急，事情越是做不好，情绪也变得越糟糕。哈佛大学的学子懂得如何让快乐和成功并存，正如一位哈佛大学的教授所说的：“让自己慢慢来，带着快乐重新上路，发现以前未曾注意到的美景。”

生活需要奋斗，需要前进，但如果只顾赶路，往往会“欲速则不达”。大多数人在追求成功的道路上急得上气不接下气，以至于和快乐擦肩而过。我们需要成功，但也需要学会享受生活。没有快乐的成功是悲哀的，也是不理性的。

哈佛有一位教授认识一个牧师，曾听他讲了一个“牵着蜗牛去散步”的故事：

上帝有一次交给我一个任务，叫我牵一只蜗牛去散步。这是个看起来很滑稽的任务，但我必须遵守上帝的旨意。可是蜗牛爬得实在太慢了，而我又没什么耐心。我又是催促又是吓唬又是责备，可蜗牛只是用抱歉的眼光看着我，仿佛在说：“我已经尽全力了！”

我又气又急，对蜗牛又拉又扯又踢，蜗牛受了伤，爬得更慢了。我真想丢下蜗牛不管，但想上帝让我这样做一定是有道理的。我只好耐着性子，让蜗牛慢慢爬，自己则以一种接近静止的速度跟在后面。蜗牛不时回头看看我，它委屈得直掉眼泪，却又丝毫没有埋怨我。

就在这时，我突然闻到了花香，原来这里是个花园。我无数次走过这条街道，却从未发现花园的存在。接着，我听见了鸟叫虫鸣，感到微风拂面的舒适。后来，我还看到了美丽的夕阳、灿烂的晚霞，以及满天的星斗。

我这才体会到上帝的用心：他不是叫我牵蜗牛去散步，而是叫蜗牛牵我去散步呀！

生命的节奏就像河流的奔涌，有急有缓。一张一弛，乃生活之道。我们哪能一味地急迫，一味地悠忽？一味地急迫，生命就显得狭窄了；一味地悠忽，生命就显得虚无了。只有急缓相当、张弛有度，你才能像故事中的牧师一样，在偶然之际看到绝美的风景，获得出乎意料的惊喜。

当我们感到疲惫的时候，不如静下心来，放慢脚步，欣赏沿途秀美的风光：有春花的蓬勃灿烂，夏雨的专注猛烈，秋月的寂寥淡远，冬雪的晶莹无瑕；有小溪的吟唱，蟋蟀的弹奏，鸟儿的放歌……这样令人震撼的美如果就此与我们擦肩而过、失之交臂，将是多么可惜的一件事情。

人间万事都有其平衡之道，要想让追求之路变得快乐起来，我们就需要一点“慢慢来”的心态。从今天起，学会慢下来，静静地感受万物的平衡，去体悟只有时间才能给予的快乐。

哈佛精神修炼要点

慢慢来，是一门艺术，不是每个人都能欣然接受的。但是，这并不妨碍我们修炼自己的内心，让自己一步步变得成熟稳重。在这之前，你必须明白以下三点：

1. 不要担忧可能面临的风险、困难

你得明白，人生是摸索出来的。摔倒了，爬起来；撞个头破血流，往后退；走岔了路，就退回来；走得太急，就慢一些；迷路了，停下来想想，再继续走。勇敢接受一路摸索的跌跌撞撞，让自己变得坚强果敢。

2. 不要给自己的人生设限

学着倾听自己内心的声音，知道自己到底需要什么。遵从自己内心的意愿，慢慢来，一切真的都来得及。

3. 无须那么严苛，允许自己不那么完美

没有完美的人生，只有幸福的生活。终其一生，我们追求的应该是充实、愉快、有意义的生活，只要你感到幸福，那你的人生就是可爱的。

精英养成语录

孩子，跑得太快是会滑倒的。

——莎士比亚

精英养成要点 4

◆ 唯有挣脱心灵的桎梏，谦虚向上，放宽眼界，你才能突破自我，寻找到自己的舞台，实现人生的精彩。

◆ 你以什么样的心态对待生活，生活就以什么样的态度对待你。只要不轻易放弃，坚持下去，最卑微的人也会达成人生的目标。

◆ 在做每件事之前，我们如果做了周密详细的计划、细致入微的准备，那么我们注定会成为胜利者。

◆ 只要我们心中拥有希望，并始终坚持，通往梦想的路就在脚下。

◆ 人生需要放弃的勇气，放弃了无路可走的死胡同，你就能迎来一个崭新的契机，这是难得的智慧。

PART 5

哈佛领导力

培 养 男 孩 出 众 的 领 袖 气 质

真正的精英，一定拥有过人的领导力。他们懂得如何善待自己的对手，更懂得为人处事的原则，以及诚实无欺、讲求信誉的重要性。毋庸置疑，这是一种优秀的领袖气质，更是个人魅力之所在。

善待对手，接受挑战

歌德曾说：“有一个比你强的对手是件好事。”几乎每一个哈佛大学的学子都明白对手的重要性，他们非常乐于接受对手的挑战。并且，他们都认可这样一句话：“一个没有对手的人生是无趣的，要学会把对手当成自己的朋友。”

大自然中如果没有竞争，就不会有优胜劣汰，也不会有动物界的进化。所以，动物们练就的非凡本领，正是生存竞争的结果。在人短暂的一生中同样充满了竞争，有人视竞争对手为眼中钉、肉中刺。殊不知，如果没有了竞争对手和我们的较量，我们的人生将是一潭死水，而自己也将脆弱得不堪一击。

所以，不妨善待对手，勇敢接受他们的挑战吧！

几乎每一个进入哈佛大学的学生，都会在课堂上听到“鲇鱼效应”这个词，以及关于它的故事：

在很久以前挪威的一个小镇上，人们靠捕鱼为生。小镇因出产沙丁鱼而小有名气。所以在那里，每当渔船捕鱼归来时，沙丁鱼都会被抢购一空，只是活的沙丁鱼要比死的更能卖个好价钱。可令人遗憾的是，由于人们出海打鱼的时间都比较长，等到返航时，大多数的沙丁鱼都已经死去了。为了让沙丁鱼都能活着被带上岸来，渔民们想尽了办法，可是没有一个成功的。

然而，只有一位老渔民，每次捕鱼归来，他船舱内的沙丁鱼都是活蹦乱跳的。这让其他的渔民感到大惑不解，于是，他们都纷纷来到老渔民的船上，问他是怎么做到的。老渔民笑了笑没有回答，只是打开了鱼舱。渔民们纷纷观看，可也没有什么特殊的地方啊，只是里面的沙丁鱼都在欢快地不停游动着。突然，有人说道："我知道是怎么回事了。你们看，鱼舱里面有一条鲇鱼！"

事实上，正是这条鲇鱼使得鱼舱里的沙丁鱼活了下来。原来，把鲇鱼放进沙丁鱼舱内后，由于在一个没有同伴的陌生环境里，鲇鱼感到了紧张而不断地四处游动。沙丁鱼们发现了这样一个"异族"，自然也提高了警惕，不断地游来游去以躲避鲇鱼。这样，由于整个鱼舱里的鱼都不停地游动，渔船也变得摇晃不停，因此带来了充足的氧气，沙丁鱼自然就能被活着带上岸了。这就是一条鲇鱼所起到的积极作用。

这就是鲇鱼效应。"鲇鱼效应"的道理非常简单，即一个人如果没有对手，那么自己也不会强大，甚至连生存都成问题。

所以说，大自然界的任何生物都是需要对手存在的。当生活中出现一个竞争对手，或者是面临压力和磨难时，我们不要认为这是坏事。

哈佛大学的学子告诉我们：一个人如果能发现他的对手的长处，那就会给他带来不可估量的巨大益处，因为这肯定会使他超过他的对手。

所以，对每一个男孩来说，只要我们能不断地挑战自己，就一定能战胜困难，走向成功。学着崇尚竞争，我们才有可能超越他人，并脱颖而出，最终获取成功。

哈佛精神修炼要点

没有竞争对手的动物，会变得死气沉沉。同样地，没有竞争对手的个人，就会甘于平庸，滋生惰性，最终庸碌无为。

面对极具竞争性的对手，我们到底应该抱持怎样的态度呢？

1. 力的作用是相互的

有句话说得好："对手，对手，互相成就。"在现实中，对手无形中给你的压力越大，你进取的动力就越强；对手的进步越快，你自我提升的速度也就越快。对手就是砥砺你的砂石，是逼你不断攀升、超越的横杆。

2. 保持一颗平常心

有竞争就有对手，有对手总要分出高下。只要我们能以平常心来对待高低之分，把目光放得更远一些，就会从对竞争对手的敌对心理中走出来，把对手当作前进路上互相帮助、共同提高的战友，怀一分感激，多一分尊重。这也可以解释一些现象：那些在商场上是竞争对手的人，在生活中却可以成为好友。从某种意义上来说，善待对手就是成就自己。

面对人生的“反调”，你只需尊重

希腊船王欧纳西斯有句名言：“要想成功，你需要朋友；要想非常成功，你需要敌人。”这句话在哈佛大学广为流传。其实，不论成功与否，我们都需要“敌人”的存在。他们是我们人生的“反调”，引导我们不断完善自己、提高自己，走向美好的明天。

在人的一生中，我们难免会遭遇很多不快和打击：别人的指责、对手的攻击、逆境的考验、失败的打击……所有这些都在挑战着我们，使我们的内心时时承受着压力。

每个人都可能遭遇“反调”，它无可避免。也许很多时候，我们被它折磨得心力交瘁、郁郁寡欢，恨不得立马让它消失。其实，我们更应该做的是尊重我们身边的“反调”。正因为有了它，我们才能发现自己的许多不足与弱点，也才看到了对手的强大和优点。

法国总统戴高乐十分善于写作，文笔也很优美。因此，他和他智囊团中的重要组成人员——“笔杆子”的关系就显得很特殊。一方面，他需要这些人，需要他们为他撰写发言稿或一些相关文章；但另一方面，这些“笔杆子”为他撰写的东西，往往又不被他采用。但这种奇怪的关系一直维持了下来，戴高乐似乎还乐此不疲。

有一次，一位智囊为他起草了一份发言稿，十分满意地交给了戴高乐，他认为自己的演讲稿完全达到了戴高乐的要求。可第二天当他拿到戴高乐批注过的稿子时，显得十分沮丧，之前的得意消失殆尽。原来，戴高乐已经把稿子改得面目全非，完全变成了另一篇演讲稿。这位智囊认为这表明戴高乐对自己很不满意，自己已经面临着被辞的危险了，于是他十分紧张地问戴高乐：“我还有必要留在总统府为您工作吗？”戴高乐淡然一笑说：“当然有必要了！我需要一份演讲稿，为的就是和我自己唱反调。”

戴高乐就是以这样的方式，和自己身边的智囊进行思考力的较量，以此来加强和发展自己的思考力。于是，他要求他的顾问和智囊们不断地给他写报告、文件和备忘录。当他面对它们时，他就像面对能言善辩、勤于思考的饱学之士一样。通常情况下，他要和这些想象中的论敌和政敌进行一番激烈的论证，来肯定或否定自己的决断。戴高乐十分喜爱这种论证方式，这番磨炼可以让他对自己的观点更自信，面对突发情况也不会手忙脚乱。

戴高乐是个来文必复的总统，他阅过文件的第二天一定要回复给作者，在这些文件的上面留有他对他们观点的同意、否定、质疑或是赞扬。而这些顾问和智囊就会在他的简短的指示中找到他们所需要的东西。戴高乐和智囊们的这种关系是由他终生所信守的一句格言决定的：

为了思考，只需要宁静；而为了写作，只需要一小块空间就够了。

故事中的戴高乐无疑是一个“追求反调”的人，他说——我需要一个人和我唱“反调”。因为，他需要在“反调”中同自己做斗争，使自己不断完善，从而想得更好、更远。

对正处在成长阶段的男孩来说，我们要如何去面对“反调”也是一件十分重要的事。因为它既是我们的“挑战者”，也是我们的“同行者”。可以说，是“反调”唤起我们的斗志，是“反调”促使我们进取，是“反调”帮助我们更上一层楼，从而使我们变得更加完美。

哈佛精神修炼要点

中国著名作家贾平凹曾说过这样的话：“爱我的人和支持我的人是在前面拉着我，给我以滋润和鼓劲；恨我的人和反对我的人，是在后边推着我，给我以力量和督促。正是这反反正正两股力量的作用，成就着我这五十年。”由此可见，我们的确需要那些反对自己的人。

1. 重视反对者的意见

任何一个反对意见，都在提醒着你的不足之处。好话悦耳，坏话逆耳，就看你如何看待。对于反对你的人，你要做的不是急着记恨，而是虚心请教，细细思考。

2. 做一个有度量的人

气度是一种力量，是一种美德，是强者才具有的精神品质，是智者的胸怀，更是一种修养、一种境界。人有气度方成事，气度大者成大事。因此，我们一定要做一个有度量的人。

学会化敌为友，展现个人魅力

每一个具备优秀领导能力的哈佛大学的学子都听过这样一句话："一个人的成功，除他的才智、努力和运气之外，最重要的一点是他与人为善、化敌为友的个人魅力。"一个"领导型"的男孩要懂得用自己的宽容去化解对手的敌意，让他们和自己站在一起，成为自己事业的一分子，这样才能离成功越来越近。

哈佛大学的学子们相信：世界上没有永恒的敌人，也没有牢不可破的朋友，敌友之间是可以互相转化的。能够打败敌人的人是英雄，能够化干戈为玉帛、化敌为友的人是圣贤。犹太人有句格言写道："最强大的人是谁？是化敌为友的人。"从这个角度而言，一个懂得"化敌为友"的人，无疑是生活的强者。

乔治·华盛顿是美国第一任总统，更被尊为"美国国父"。他有过人的人格魅力，其与威廉·佩恩一段化敌为友的故事常常为哈佛大学的教授们所津津乐道：

1754年，当时已是上校的乔治·华盛顿率领部下驻防亚历山大市。这时正值弗吉尼亚州议会选举议员，有一位名叫威廉·佩恩的人反对华盛顿支持的一位候选人。

威廉·佩恩是一位英国房地产企业家、哲学家，是英属北美殖民地统一的早期支持者之一，同时也是宾夕法尼亚英属殖民地的创始人。他推崇民主和宗教自由，他在宾夕法尼亚政府体制中规定的民主原则，成为美国宪法的一个灵感来源。在他的领导下，费城进行了规划和建设。作为一个和平主义者，佩恩深入研究战争与和平的问题，并制订了欧洲合众国计划。因此，威廉·佩恩是当时相当有权威的人物，他的势力和华盛顿不相上下。

有一次，华盛顿就选举问题与佩恩展开了一场激烈的争论。争论中华盛顿一时控制不住，说出了一些极不入耳的脏话。感到被侮辱的佩恩火冒三丈，挥拳将华盛顿击倒在地，华盛顿的嘴角血迹斑斑。当闻讯赶来的士兵看到长官被打时，气愤不已，想为长官报一拳之仇。双方剑拔弩张时，华盛顿阻止了那个士兵的报复行为，并说服大家平静地退回到了营地。佩恩看着自己的拳头，悻悻地回去了。

第二天早晨，华盛顿托人带给佩恩一张便条，请他尽快到当地一家酒店会面。佩恩拿到纸条的第一反应是，华盛顿要和他一决雌雄。佩恩神情紧张地来到酒店，决定要面对这一次恶斗，无论结果如何，他都接受。出乎他的意料，迎接他的不是手枪而是友好的酒杯。华盛顿站起身来，笑容可掬，并伸出手欢迎他的到来。他真诚地说道："佩恩先生，人谁能无过，知错能改方为俊杰。昨天，确实是我不对。你已采取行动挽回了面子，如果你觉得那已足够，那么就请握住我的手吧，让我们来做朋友。"佩恩呆立原地，华盛顿热情的双手让他的紧张感一点点消失。这是一个值得交往的朋友！佩恩在心里默默地告诉自己。

一场风波就这样被友好地化解了，佩恩因此还成了华盛顿的一个

懂得将自己的“敌人”变成朋友，不仅是胸怀宽广的表现，更是个人魅力的展现

崇拜者。

是的，敌人与朋友之间只有一线之隔，就看你如何跨越那道线。故事中的华盛顿懂得尊重和接受“敌人”的反对意见，并巧妙地化敌为友，最终使佩恩成为自己的一个崇拜者。这不仅是胸怀宽广的表现，更是个人魅力的展现。因为，并不是人人都有化敌为友的度量和能力。

面对生活中“不好听”的声音，我们不应急着生气、报复、咒骂，被怒火冲昏头脑，因而变得狭隘自大。我们应该懂得：任何声音的出现都有一定的原因，首先要做的，应该是检查自己的言行举止，审视自己的心灵，而不要一味将问题推出去。

男孩们，请记住，想要做一个有智慧的领导者，懂得化敌为友是最基本的一种能力。

哈佛精神修炼要点

面对眼中的“敌人”，我们又应该如何化敌为友呢？

1. 学会换位思考

在人与人的相处中，很多时候，矛盾是由于彼此之间误会、缺乏了解和沟通造成的。对敌人生气之前，不妨换位思考，设身处地地为他人想一想，多一分宽容，从而让自己的敌人少一点。

2. 智慧也很重要

青少年还不懂得如何处理人际关系，特别是当自己受到委屈时，就错误地认为那个人是自己的“死对头”，想要父母帮自己出口气。但是，这种“出气”的做法只会火上浇油。我们应该学会用智慧的方法去化解与“敌人”之间的矛盾，不要“以硬碰硬”，要学会“怀柔”之术。

学会倾听，是有涵养的表现

哈佛大学的学子爱默生曾说过一句流传很广的话：“所谓的耳聪，也就是倾听的意思。”几乎每一个哈佛大学的学子都注重培养自己专注倾听的能力。因为他们知道，倾听可以帮助他们汲取别人的经验与教训，使他们在人生道路上少走弯路，同时还能收获他人的友谊，让他们在交际圈中更显个人魅力。

沟通是倾听的艺术，善于倾听的人处处受欢迎。学会倾听，是有涵养的表现。要想别人对我们友好，我们就先要向别人表示友好。伸出友好的手，主动与别人沟通，这会让我们受益终身。

在现实生活中，许多人都太过烦躁，对他人的叙述无法耐心倾听，往往在开头便臆断结尾。然而，事情的发展往往并不如自己所料，常常会在结尾处出现逆转，让自己大吃一惊。

哈佛大学一位教授曾讲过这样一个发人深思的故事：

一天，美国著名的主持人林克莱特进行了一个采访节目。这次节目的主题是梦想，为了活跃现场气氛，林克莱特决定开展观众互动。他在观众席中叫上来一名小朋友，这是一个黄头发、蓝眼睛的帅气男孩。小男孩活泼可爱，一蹦一跳地走到讲台中央，眼睛不时瞅着身边的主持人。林克莱特问小朋友："你长大后想要当什么？"

小男孩今年才七岁，他用一根手指顶着下巴思考了一会儿，然后满脸天真地回答："嗯……我要当飞机的驾驶员！"说着，男孩还一脸兴奋地比画了几下转动方向盘的动作，虽然很笨拙，却很可爱。台下的观众如此喜爱这个帅男孩，都哈哈大笑起来。

一旁的林克莱特也笑了，又接着问他："如果有一天，你的飞机飞到太平洋上空时所有引擎都熄火了，你要怎么办呢？"

小朋友歪着脑袋想了想，然后很认真地说："那我会先告诉坐在飞机上的人绑好安全带，然后我挂上我的降落伞跳出去。"

这位小朋友的话刚刚说完，现场的观众顿时哄堂大笑。大家交头接耳，说小男孩还小，一点儿都不懂安全常识，甚至有点自作聪明。

当现场的观众正笑得东倒西歪，用奇怪的目光看着那位小朋友时，林克莱特却礼貌地示意大家安静下来。

接着，他继续注视着这个孩子，想看他到底是不是自作聪明的家伙。没想到，孩子的两行热泪竟夺眶而出，这使林克莱特发觉孩子的悲悯之情远非笔墨所能形容。

于是，林克莱特问他："能不能告诉大家，你为什么选择那么做？"

只见这位小朋友满眼是泪，断断续续地说道："我要去拿燃料，我还要回来的！"

此言一出，小朋友单纯却真挚的想法顿时使现场所有的观众都很震惊，包括主持人林克莱特。

故事的结尾，小男孩的那句话无疑镇住了所有人。因为观众太过浮躁，没有耐心听完小男孩的话，这才导致了最后尴尬的局面。

德谟克利特曾说："只愿说而不愿听，是贪婪的一种形式。"莫里斯也曾说："要做一个善于辞令的人，只有一种办法，就是学会听人家说话。"在当今社会，倾听这种个人能力已经变得越来越重要，也越来越珍贵。谁要是拥有了这种能力，谁就能具备强大的领袖气质。

所以，男孩子如果想要成为一个处处受欢迎的领导者，不妨先从倾听开始，打通别人的心路。

哈佛精神修炼要点

倾听过程中应该注意的事项：

1. 交谈时要保持专注

交谈时保持冷静，不要受到其他事物的影响。要面带微笑，不要显示出不耐烦的样子。要让对方感到轻松自如，而不是拘束。

2. 要运用眼神、表情等方式来表示自己在认真倾听

尽可能以柔和的目光注视着对方，并通过点头、微笑等方式及时对对方的谈话做出反应；也可以不时地说"是的""明白了""继续说吧""对"等语言来表示自己在认真倾听。如果对对方谈到的内容比较感兴趣，可以先点点头，然后简单地表明自己的态度，最后再说"请接着说下去""这件事你觉得怎么样？""还有其他事情吗？"等，这样会使对方谈兴更浓。

诚实是获得信任的前提

海涅曾说："生命不可能从谎言中开出灿烂的鲜花。"是的，如果想活出生命的精彩，就不能做一个谎话连篇的人。哈佛大学的学子们都知道，为人诚实，是一个人在社会上最好的通行证。因为诚实是现代社会中人必须具有的品质之一，只有诚实之人才能够得到别人的信赖，也才会拥有更多的朋友，并取得事业的成功。

人海茫茫，作为其中一分子，你总要与外界的事物发生各种联系，而处理人际关系的密钥就是珍贵的诚实品质。诚实，是中华民族的传统美德，也是为人处事的基本原则。可以说，"诚实"二字渗透于生活的各个方面，我们应该养成为人诚实、不说谎话的好习惯，做一个敢做敢当的人。

华盛顿出生在美国一个大庄园主家庭，家里有许多果园，果园里长满了各种各样的果树。华盛顿6岁生日时，父亲送给他一把银光闪闪的小斧头，收到礼物的小华盛顿非常高兴。

有一次，他看见罗杰叔叔在砍一棵果树，便问他为什么要砍树。

罗杰叔叔告诉他自己砍的不是果树，而是那些不结果的杂树，就像杂草一样，砍掉这些杂树，它们就不会抢走那些好的果树的营养，那些树结出的果实才会又大又甜。小华盛顿说自己也要砍树，罗杰叔叔就说他还小，可小华盛顿不这么认为，他觉得自己长大了。

为了证明自己可以砍树，他就在果园里挑了一棵树砍了起来。他认为自己帮大人干活，父亲回来会夸奖他的。他砍呀砍，想不到砍树那么累，因为累，所以砍到一半就不想砍了。但是，华盛顿转念一想，如果这样半途而废的话，肯定会被罗杰叔叔笑话的，于是他还是努力将树砍倒了。

小华盛顿砍倒树后，就叫罗杰叔叔来看，罗杰叔叔一看吓着了，因为他砍倒的是华盛顿父亲最喜欢的樱桃树。小华盛顿知道后也吓了一跳，虽然自己不是故意的，但是父亲知道后肯定会打他的。后来，罗杰叔叔就说让小华盛顿告诉父亲是他砍倒的，可小华盛顿不同意，他觉得自己做的事应该自己来承担，一定要诚实。

小华盛顿的父亲回来后看到已被砍倒的樱桃树非常生气，质问是谁砍倒的。小华盛顿主动承认了错误，父亲不但没有责罚他，反而很高兴，因为他觉得小华盛顿很诚实，诚实比樱桃树珍贵得多。

由于父亲的教导，华盛顿一生都把诚实作为做人的原则。

从这个故事中，我们可以看出，诚实对于一个人是多么重要。一个人只有具备了诚实的品质，将来才能够在社会上立足，才能赢得他人的信赖。

艾琳·卡瑟曾说：“诚实是力量的一种象征，它显示着一个人的高度自重和内心的安全感、尊严感。”诚实和信任是一棵并蒂莲，诚实是获得信任的前提，对人诚实自然会获得人们的信任。男孩们，我们是做一个诚实的人，还是做一个谎话连篇的人，决定了我们今后人生道路的广度和深度。

哈佛精神修炼要点

为人诚实，就能得到别人的信任。那么，我们在平时该如何做呢？

1. 答应别人的事就一定要做到

言而有信的人才是一个有担当的人，才能对自己许下的承诺负责到底，才不会因各种借口姑息自己、退缩反悔。同时，一诺重千金，没有十足的把握，不要轻易向人许下根本无法实现的承诺，要量力而行。

2. 知错能改，不做撒谎的孩子

如果做错了事，譬如打破了妈妈新买的花瓶、弄坏了家里的窗帘，一定要及时向家长承认错误，求得家长的原谅。

精英养成语录

走正直诚实的生活道路，定会有一个问心无愧的归宿。

——高尔基

做个言而有信的人

哈佛大学的学子罗斯福曾说："守信用胜过有名气。"罗斯福不仅是一个守信用的人，更因守信用而获得了人们的拥戴。每一个哈佛大学的学子都将这句话谨记于心，并落实到日常生活中，因为他们深深懂得：一个没有信用的人，只会寸步难行。

说起信用，中国也有一句古语："君子一言，驷马难追。"这一古语流传至今。它告诉大家一个简单的道理：既然自己许下了诺言，就要忠实地履行。

诚信首先不是对外的。哈佛大学的学子们知道：如果要别人诚信，首先自己要诚信。在要求别人对自己诚信之前，我们应该先审视自己，严格要求自己，使自己成为一个言而有信之人。有人说，是金子总会发光的。一个人的生命如果加入了诚信，他的生命总会闪光，在照亮自己的人生之路时，也会照亮他人。

富兰克林·德拉诺·罗斯福是美国第32任总统，也是美国历史上唯一蝉联四届的总统。毕业于哈佛大学的罗斯福被学者评为美国最伟大的三位总统之一，同华盛顿和林肯齐名。

他在20世纪的经济大萧条和第二次世界大战中扮演了重要的角色：在大萧条时期推出新政以挽救经济；“第二次世界大战”爆发后推出《租借法案》援助盟国，1942年对法西斯国家宣战。“第二次世界大战”后期，罗斯福在塑造战后世界秩序中发挥了关键作用，这尤其表现在雅尔塔会议及联合国的成立中。

罗斯福是个非常讲信用的人，他深知这是自己赢得众人拥戴的重要原因。但讲信用有时会带来一定的困扰，罗斯福深知此道理。为了解决这个问题，罗斯福想了一个绝妙的办法来应付这样的尴尬处境。

当年，罗斯福当海军助理部长的时候，有一天一位好友来访。他们是自小便认识的玩伴，一起成长、一起参军。如今，他们都成了政府的要员。无论世事如何变迁，罗斯福与好友的关系始终没有改变。

他们相谈甚欢，天南地北，互问近况。不知不觉，话题便谈到海军在加勒比海某岛建立基地的事。

当时，海军在加勒比海某岛建立基地的事还是一个秘密，罗斯福作为海军助理部长自然了解其中情况。

“我只要你告诉我，”朋友说，“我所听到的有关基地的传闻是否确有其事。”朋友知道罗斯福的性格，他采取了迂回的办法打听这件事。

罗斯福还是有些为难，因为这位朋友要打听的事在当时是不便公开的。但这是好朋友相求，该如何拒绝为好呢？

思索良久，只见罗斯福平静地望了望四周，然后压低嗓子神秘地向朋友问道：“你能对不便外传的事情保密吗？”

“能！”好友一听有希望，连忙一脸急切地回答。他对这个问题好奇极了！

“那么，”罗斯福微笑着说，“我也能。”

朋友顿时无言以对，他笑笑说：“果然是你啊，罗斯福！”

鼎鼎有名的文学家大仲马曾说过：“当信用消失的时候，肉体就没有了生命。”当我们失掉了诚信时，很多美好的东西都会随之而去，譬如善良、宽容和责任心。

男孩们，我们还应该明白，诚信不仅是一个人必须拥有的美德，也是整个社会走向和谐不可或缺的“营养大餐”。只要我们坚守诚信这个坚固的堡垒，守护好自己的“内在城堡”，任何歪风邪气都将退避三舍，生活也会回馈给你许多意想不到的惊喜。

哈佛精神修炼要点

与人相交，我们应该时刻谨记诚信的原则，做到言而有信。

1. 言辞立其诚

言辞应该建立在诚信的基础上。“诚”就是诚实无欺、做人诚实、实事求是；“信”即讲信用、守信义、不虚假。我们应该对自己所说的每一句话负责，不能言而无信。

2. 要有个好记性

我们承诺给朋友的每一件事，都要记在心头。要知道诚信是获得信任的前提。不讲诚信的人可以欺人一时，但不能欺人一世，一旦被别人识破，就难以在社会上立足，其结果是既伤害别人，也伤害自己。

一个合格的领导，永远是组织的排头兵

托·富勒说："骑马坐在后面的人，无须掌握方向。"哈佛大学的学子们明白：一个优秀的领导者绝不是"坐在后面"的，而是站在"最前面"的，成为组织名副其实的排头兵；不必事必躬亲，但要指出路来，真正掌握整体的前进方向。

领导能力是把握组织的使命并动员成员围绕这个使命奋斗的一种能力，同时也包含做人的艺术。一个领导，必定是组织的排头兵，须有带动组织成员朝既定目标努力奋斗的能力。这是锻炼个人才华和能力的一个位置，只有有勇有智者方能胜任。

马克生活在俄亥俄州的一个小城镇，生活无忧，家庭幸福。他从小就是个很有抱负的孩子，非常渴望成为领导者。无论在玩耍、学校或社区活动中，他总是一马当先，积极参加。同时，马克一直非常努力地学习管理知识，希望自己可以早日成为优秀的领导人。时间一晃而过，他已经长大成人。马克顺利地完成了哈佛大学的课程，之后进入父亲的企业工作。

初入职场的马克非常勤奋努力，丝毫不在乎自己的身份。他和职工们打成一片，努力提升公司的业绩。几年后，鉴于他出色的表现，父亲提拔他做经理。这本是马克梦寐以求的事情，可是他却突然犹豫了，担心自己不能胜任。马克低着头，一言不发，眼神里满是忧虑和不自信。

一天晚上，他坐在沙发上，看着对面的父亲，向父亲请教该如何当领导的事。父亲一直在等待儿子的询问，他知道每个人在重大选择面前都会犹豫、彷徨和害怕。

父亲静静地听完了他的话，没有插话也没有评论。他只是走进房间，拿出一根三十厘米长的绳子放在桌上，然后叫他儿子用手拿着绳子的一端向前推，看能不能让绳子往前移动。

马克尝试了很多次，可不论他怎么向前推，软绵绵的绳子就是不往前移，只是歪歪斜斜地在原处扭动。马克看着绳子，更加沮丧。他没有给父亲一个满意的答案，也没有给自己一个满意的答案。

父亲始终面无表情，他问马克："你想一想，怎么才能改变现状呢？"

马克皱着眉头，想了想，拿着绳子，掉了个方向，然后向前拉，绳子直直地向前走了。他轻轻松松解决了这个问题。

父亲的脸上出现一丝笑意，他继续问马克："你悟到什么了吗？"

马克笑了笑，豁然开朗地说："做领导不能在后面推，而要在前面拉。"

父亲笑了，说："现在你是否想要担任经理呢？"

马克点点头："我一定会成为最好的经理！"

故事中的马克顿悟了——做领导不能在后面推，要在前面拉。领导之所以称为领导，是因为只有在前面“领”才能“导”。身为一名合格的领导，必须具有前瞻性的眼光、过人的胆识和站在前面的魄力。

在生活中，我们很多人都不愿意成为排头兵，害怕被推到“风口浪尖”上，害怕承担责任。但是，如果我们想成为一名具有领袖气质的男孩，就必须敢于站在组织的最前面，真正起到带头作用。

哈佛精神修炼要点

一个合格的“领导者”应该具备以下几项素质：

1. 要善于营造气氛

作为一个领导，你应该是一个引导者，要能调动团队的整体气氛，激发成员的活力和能力。很多有魅力的领导人头脑灵活、谈吐幽默，这样就可以大大调动气氛。

2. 要有远见

作为领导，对于团队的整体方向和目标规划应该有一定的把握，也即有一定的洞察力。最有智慧的领导，注重的永远是那些不变的需求，这才是谋求长久发展的资本！

3. 注重实践

作为领导，必须雷厉风行，想好的事就要立即付诸实践，不能优柔寡断。特别是在招聘人员时，不应注重学历而轻视行动力。

4. 鼓励对自己的批评

作为领导，要能接受批评，听取不同的意见。大错往往由小错累积而成，千万马虎不得。要采取头脑风暴的形式，鼓励成员发言。

学会让步，宽以待人

哈佛大学的一位教授曾这样说过："生活的艺术在于，好好把握每一次的让步与坚持。"哈佛大学的学子们都深谙让步的艺术，他们明白：让步不是懦弱，不是毫无原则，而是做人的一种美德，更是培养自身领导能力的一个重要方面。

聪明的人最懂得让步，他们明白，让步是对人的宽容和友善。善于"让步"的人，会心平气和地对待一切事情，不怕吃亏和受委屈，甚至"背黑锅"。在日常学习、工作和生活中，他们都能真诚地去为人处事，努力创造幸福、快乐的生活。

哈佛大学一位教授曾经将自己的朋友杰克的故事讲给他的学生听：

有一天，杰克开着他的黑色蓝鸟到小区的地下车库停车时，发现一辆白色的雪铁龙停在他的车位旁边，而且离他的车位特别近。

"为什么总是挤占我的车位？"杰克生气地想，并且朝白色雪铁龙的车门狠命地踢了一脚，车门上立即留下了一个清晰的脚印。

一天傍晚，在停车场，当杰克正想关掉发动机时，那辆白色雪铁龙也恰好开了进来，驾车人像以往那样把车紧紧贴靠在杰克的车旁。

杰克一见，很是生气，加上他正患着感冒，头疼得厉害，下班前又被领导批评了一顿，一肚子气正没地方发泄。于是，杰克怒目圆睁，恶狠狠地对着雪铁龙里的人大声喊道："喂，你的眼睛是不是出了问题？有像你这样停车的吗？"

那辆雪铁龙的主人也不甘示弱，十分生气地说："你和谁说话呢？你以为你是谁？这地方我交了钱，我想把车停在哪里就停在哪里！别那么多废话！对了，上次我车上的那个脚印是你踢的吧？以后少干这种缺德事，不然，你的车上会留下更多的脚印，甚至是你的身上！"

听到这些张狂的话语，杰克直恨得牙痒痒，心想：我得让他尝尝我的厉害！

第二天，当杰克回家时，白色雪铁龙还未回来。这一下，杰克也把车子紧挨着对方的车位停下来，没给对方留一点周旋的余地。

接下来的几天，白色雪铁龙每天都先于杰克回来。白色雪铁龙的车主暗地里和杰克较着劲，弄得杰克苦不堪言。

如果长期这样冷战下去怎么办？杰克眉头一皱，便有了一个好主意。

早晨，当白色雪铁龙的主人准备坐进他的车子时，就发现风挡玻璃上放着一个信封，信中写道：亲爱的白色雪铁龙，真是非常抱歉！那天，我家的男主人向你家主人大喊大叫，还曾对你有过不文明的行为，现在他正为自己的粗暴行为深感后悔。其实，我家主人心眼并不坏，只是脾气急躁了点，加上那天他正好在公司被领导猛批了一顿，心情很糟糕，因此，给你和你的主人带来了伤害。在此，我希望你和你的主人能够原谅他——你的邻居黑色蓝鸟。

隔了一天，当杰克准备打开车门时，也一眼就发现了风挡玻璃上有一封信。杰克连忙拆开信：亲爱的黑色蓝鸟，我家的主人这段时间失业了，因此心情郁闷，而且他才刚刚学会驾驶我，所以总是没办法把我停放在自己的位置上。我家主人很高兴看到你写的信，我相信他也会成为你们的好朋友——你的邻居白色雪铁龙。

从那以后，每当黑色蓝鸟和白色雪铁龙相遇时，他们的主人都会愉快地相互打招呼。

学会让步是一种做人的智慧，如果故事中的杰克一直不向人让步，那么后果可能不堪设想，两人之间的矛盾势必会升级。

有智慧的人，站得高，看得远，能以“宽以待人”的方法去处世，适时恰当地处理人与人之间的矛盾和冲突，创造一个与周围的人和谐相处的环境。

男孩们，我们应该明白：学会让步不是不坚持原则，更不是懦弱无能。让步不等于退步，更不等于放弃原则。宽以待人的目的是给予我们思考的时间和改进的机会，学会让步的目的是更好地与周围的人相处。

哈佛精神修炼要点

生活在社会中，你总要与人相处，与外界发生各种联系。因此，建立和谐的人际关系十分重要。要建立和谐的人际关系，最重要的是学会让步。具体如何让步，以下几点可做参考：

1. 深呼吸，告诉自己“退一步海阔天空”

每次与人发生矛盾时，要尽量保持深呼吸，再深呼吸，在心里默默告诉自己：退一步海阔天空。这时你会发现，心中那股火气顿时消失了不少。要学着容忍对方，而不要打击报复，甚至陷害他人。学会宽以待人，你待别人如何，别人也会怎样回报你。

2. 管好自己的嗓门

当和他人争论一个问题时，你不要一味地用嗓门的大小来评判对错，而要拿出事实，让对方心服口服。

3. 转移视线

当别人的错误惹怒你时，要学会转移视线，做一些自己喜欢的事情，并全身心地投入！你会发现，当你完成这些事情后，心中的怒气也消失了。

精英养成语录

人心不是靠武力征服，而是靠爱和宽容征服。

——斯宾诺莎

信誉是你一生的财富

在哈佛大学里流传着这样一句简单的话："信誉是信誉者的通行证。"每个哈佛人对此都深信不疑，并以身作则地努力践行着。他们懂得，信誉是一生用之不竭的财富，是做人之本，是立业之基，更是每一个优秀领导者必备的素质。

哈佛人知道：信誉是个人品牌的最好代言人，而从信用上升到信誉，只是时间的问题。如果我们做人不讲信誉，身边的朋友便会越来越少，同时对自己的名声也是极大的损害。

在生活中，答应了别人的事，即使做不到，我们也应该努力去完成，千万不要找没用的借口去解释，这样反倒会被别人误解；同时，要量力而行，能办到就答应，不能办到就拒绝。须知：信誉乃为人之本。

1835年，摩根先生听一位朋友讲，一家名叫伊特纳的火灾保险公司为了扩大自己的实力，宣布凡是加入公司的新股东，不需马上注入资金，只要在股东名册上签下自己的名字，就可以成为该公司的股东，而且很快就会有良好的收益。摩根先生毫不犹豫地就在那本股东名册上签下了自己的名字，成为伊特纳火灾公司的一名股东。

天有不测风云。也就在那一年的冬天，纽约突发了一场特大火灾。伊特纳火灾保险公司的股东们一个个傻了眼，纷纷退股来挽回自己的损失。珍惜自己信誉的摩根先生再三斟酌，决定舍财保信誉。他卖掉了自己苦心经营多年的旅馆和酒店，低价收购了大家的股份。他又通过其他融资渠道，以最快的速度将15万美元的保险赔偿返还了投保人。一时间，伊特纳火灾保险公司的声誉传遍了整个纽约城，人们纷纷赞誉伊特纳火灾保险公司和摩根先生的信用。

为了偿还赔偿金，摩根先生已经濒临破产，只剩下一个空壳般的保险公司，当然，摩根先生也顺理成章地成为这家公司最大的股东。他从朋友那里借钱，然后刊登广告：本公司为偿还保险金已经竭尽所能，从现在开始，再入本公司的投保人，保险金一律增加一倍。

摩根先生本来是不抱什么希望的，这只是他“临死”前的一次绝望挣扎而已。他甚至已经与家人进行了深入的谈话，坦承了他们家即将面临的困境。

第二天早晨，身上只有5美元的摩根先生拎着公文包上班。当他走到公司所在的那条大街时，只见那条大街被挤得水泄不通，许多前来投保的人挤在伊特纳火灾公司的大门口。大家可以想见，不久摩根先生就买回了原来的旅馆和酒店，还净赚了30万美元。

这位摩根先生就是主宰华尔街帝国的摩根先生的祖父，是美国亿万富翁摩根家族的创始人。一场突发的火灾曾使摩根先生濒临破产，同样，也是这场火灾成就了一个家族的事业。

摩根先生成功的秘诀就是讲信誉。

摩根先生的成功之处在于：他始终坚守信誉，即便是在一场大火使自己濒临破产的时候。他心存责任感，并始终坚持做人的基本原则，因而获得大家的认可，拥有了一次“重生”的机会。

一个人若背弃了信誉，终将被信誉抛弃——每一个男孩都应该谨记这句话。它会是我们人生路上的指路牌，在我们每一次偏离方向的时候，指引我们及时进行校正，并最终引领我们发掘出人生的宝藏。

哈佛精神修炼要点

孔子说：“人而无信，不知其可也。”一个人如果不讲信誉，在世上就会寸步难行，讲信用是放之四海而皆准的做人的道理。古人尚且懂的道理，我们更应该明白并积极践行。那么，我们应该如何成为一个讲信誉的人呢？

1. 不能说大话、说假话

能做到的事情就承诺，做不到的就不要承诺。有了承诺而不去兑现承诺，承诺就会成为空话。有了承诺又讲信用，积极去兑现承诺，就是承担起了责任。要做到“言必信，行必果”。

2. “信誉日记”

可以准备一个小本子，记录上自己曾答应别人的每一件事，以及哪一件完成了，哪一件没有完成。分析没有完成的原因，然后完善自己的行为或能力，直到有一天，你能完成任何一件答应别人的事。

精英养成要点 5

◆ 世界上没有永恒的敌人，也没有牢不可破的朋友，敌友之间是可以互相转化的。

◆ 要想别人对我们友好，我们就先要向别人表示友好。伸出友好的手，主动与别人沟通，这会让我们受益终身。

◆ 一个人只有具备了诚实的基本品质，才能够在将来的社会上立足，才能赢得他人的信赖。

◆ 在要求别人对自己诚信之前，我们应该先审视自己，严格要求自己，使自己成为一个言而有信之人。

◆ 在生活中，答应了别人的事，即使做不到，我们也应该努力去完成，千万不要找没用的借口去解释。

男孩想具备领导力，就需要有充分的自信、聪明的应变、灵活的社交、综合的分析、强烈的好胜心，以及清晰的语言表达能力。所以，领导力是各种能力的综合表现。当一个男孩拥有其中的几项时，他必然能在同龄孩子中脱颖而出。

PART 6

哈佛自信力

让男孩乐观向上，成为最好的自己

爱默生说：“自信是成功的第一秘诀。”一个自信的人，往往能够发现自身的潜能，并充分发挥出来。这样的人是人群中的焦点，常常受到命运之神的垂青。自卑者的天空暗淡无光，自信者的天空却是繁星万点。所以，从今天开始做一个自信的人吧！

相信自己，你比想象中更优秀

萧伯纳曾经说过一句著名的话：“有自信心的人，可以化渺小为伟大，化平庸为神奇。”哈佛大学的学子们明白，一个没有自信的人，终将一事无成。正如爱默生所言：“自信是成功的第一秘诀。”要想获得成功，首先就要对自己充满信心。

什么是自信？自信，就是相信自己的力量，就是确信自己所追求的目标是正确的，并坚信自己有力量与能力去实现所追求的目标。

一个人的自信心与他的成功概率成正比。自信心越强，越能够不畏失败、不怕挫折、不懈进取；自信心越强，越能够产生强大的精神动力和进取力。

我们都知道拿破仑的那句经典名言：“不想当将军的士兵不是好士兵。”几乎每一个哈佛大学的学子都听说过这个简单却深刻的故事：

有一次，一个士兵骑马给拿破仑送信，由于马跑得太快，在到达目的地时猛跌了一跤，那马就此一命呜呼，但信准时送到了拿破仑的手里。拿破仑接到信后，立刻写了封回信，交给那个士兵，吩咐士兵骑着自己的马，快速把回信送去。

那个士兵看到那匹强壮的骏马时有点惊呆了。这是一匹难得的良马，身上装饰得无比华丽，膘肥体壮，目光坚定，定是身经百战的神马。士兵低下头，对拿破仑说：“不，将军，我只是一个平庸的士兵，实在不配骑这匹强壮的战马。”

拿破仑将缰绳扔给士兵，转身回答道：“世上没有一样东西，是法兰西士兵所不配享有的。”

士兵握着缰绳激动不已，顺利地完成了任务。

其实，世界上到处都有像故事中那个法国士兵这样的人。他们以为自己的地位太低微，别人所拥有的永远都无法属于他们；他们以为自己是不能与那些大人物相提并论的。这种自卑的观念，往往成为他们不求上进、自甘堕落的借口。

成功源于自信。我们只要充满自信，就会精力充沛、豪情万丈，活得有滋有味。如果我们将自己定位为胸无大志的普通人，自认为是多余的人，甚至自暴自弃，就不会有所成就。

爱默生说：“坚信自己的思想，相信自己心里认准的东西也一定适合于他人，这就是天才。”男孩们，只要我们足够自信，我们就可以实现自己的梦想，活出精彩的人生。

哈佛精神修炼要点

既然自信心如此重要，那如何才能提高自己的自信心呢?

1. 每天在心中默念“我行，我能行”

别的人能行，我也行啊！大家都是人，都有一个脑袋、两只手，智力都差不多。我们只要努力，方法得当，那么什么事都是能办得到的。

2. 每天都保持甜美的笑容

没有信心的人，经常眼神呆滞，愁眉苦脸；雄心勃勃的人，眼睛总是闪闪发亮，满面春风。人的面部表情与人的内心体验是一致的。笑是快乐的表现。笑能使人产生信心和力量；笑能使人心情舒畅，精神振奋；笑能使人忘记忧愁，摆脱烦恼。学会笑，学会在受挫时笑得出来，就能提高自信心。

3. 做人一定要昂首挺胸

昂首挺胸是富有力量的表现，是自信的表现。遇到挫折而气馁的人，常常垂头，这是失败的表现，是没有力量的表现，是缺乏自信的表现；成功的人、得意的人、获得胜利的人总是昂首挺胸，意气风发。

精英养成语录

自信是成功的第一秘诀。

——拉尔夫·爱默生

给自己一个定位，找准人生的起点

在生命的原野和人生的旅途中，起点无处不在。哈佛大学的学子告诉我们：“一个人选好了起点，就等于找准了成功的方向；一件事选对了起点，就等于开创了美好结局的一半；一个目标划分好了起点，就等于缩短了与成功的距离。”起点并不是一成不变的，在任何时候，我们都可以重新再来，再给自己一次机会，只要没有对人生丧失信心和希望。

在人生的旅途中，我们每个人都有自己前进的方向。人生的意义，就在于找到自己的起点，给自己一个定位，然后向着一个方向拼搏和努力。

也许，由于种种原因，我们站在了较低的人生起点上，但起点低并不可怕，可怕的是失去向更高目标看齐的勇气。

在许多哈佛大学的学子眼中，米契尔的人生经历无疑是一个传奇：

米契尔曾有一段不幸的遭遇。因为一次意外事故，他身上65%以上的皮肤都被烧坏了，为此他动了16次手术。手术后，他无法拿起叉子，无法拨电话，也无法一个人上厕所，但以前曾是海军陆战队员的他从不认为自己被打败了。他说："我完全可以掌握我自己的人生之船，我可以选择把目前的状况看成一个新的起点。"六个月后，他竟然又能开飞机了！

米契尔为自己在科罗拉多州买了一幢维多利亚式的房子，另外还买了一架飞机和一家酒吧。后来他和两个朋友合开了一家公司，专门生产以木材为燃料的炉子，这家公司后来变成了佛蒙特州第二大私人公司。

米契尔开办公司后的第四年，他开的飞机在起飞时又摔回跑道，把他的十二节胸椎骨全压得粉碎，腰部以下永远瘫痪。"我不解的是为何这些事老是发生在我身上，我到底是造了什么孽，要遭到这样的报应？"

但是米契尔仍不屈不挠，日夜努力使自己能达到最高程度的独立自主。他被选为科罗拉多州孤峰顶镇的镇长，以保护小镇的美景及环境，使之不因矿产的开采而遭受破坏。米契尔后来还竞选国会议员，他用一句"不只是第二张小白脸"的口号，将自己难看的脸转化成一项有利的资产。

尽管面貌骇人、行动不便，但米契尔顺利收获爱情，完成了终身大事，也拿到了公共行政硕士学位，并持续他的飞行活动、环保运动及公共演说。

米契尔说："我瘫痪之前可以做10000件事，现在我只能做9000件，我是把注意力放在无法再做的1000件事上，还是把目光放在我还能做的9000件事上？告诉大家，我的人生曾遭受过两次重大的挫折，如果我能选择不把挫折拿来当成放弃努力的借口，那么，或许你们可以从一个新的角度，来看待一些一直让你们裹足不前的经历。你可以退一步，想开一点，然后你就有机会对自己说'这没有什么大不了’！”

米契尔的故事告诉我们这样一个事实：成功者并非天生具备成功的条件，他们大多是在不断的实践中发现了成功的道路，而不是一开始就站到了较高的起点上。米契尔把遭遇意外看成自己人生一个新的起点，并始终保持自信和希望，不被挫折打败，所以最终成为自己所希望的样子。

男孩们，问一问自己，你想成为什么样子？你给自己找到一个定位和起点了吗？我们可以成为自己希望的样子，只要始终对生活抱有希望，并时常对自己说一句：这没有什么大不了！

哈佛精神修炼要点

不同的起点蕴含着不同的力量，也预示着不同的结局。我们要学会认清自身的优势和劣势，找准自己的定位。

1. 在思想上要明白，起点低并不可怕

其实起点低并不可怕，真正可怕的，是失去向更高目标看齐的勇气。只要你够努力，未来一定不会差的。

2. 要懂得路是一步步走出来的

“不积跬步，无以至千里”，我们要一步步脚踏实地地走，不能半途而废。你想要完成一个目标，就要坚定信念，持之以恒。

战胜恐惧，发现自己的潜能

在生活中，你要面对各种各样的难题，一不小心便会陷入恐惧之中。哈佛大学教授告诉你："自信是治疗恐惧的良药。"恐惧的产生大多是因为不自信，对自身能力产生怀疑。其实，只要你自信一点，告诉自己"我能行"，也许就能激发自己的热情和潜能，让结果变得更好。

所谓恐惧心理，是指在真实或想象的危险中，个人或群体深刻感受到的一种强烈而压抑的情感状态。恐惧心理与人的性格有关，一般从小就害羞、胆小、自卑，长大以后也不善交际、孤独内向的人，容易产生恐惧感。如何战胜自己心中的恐惧，发现自身的潜能，勇敢面对生活中的挑战，对我们的人生而言十分重要。

法兰克·贝格是美国保险推销大王，很多人都非常仰慕他的智慧。但鲜为人知的是，贝格在起初投身此行时却也一败涂地。但是就在他茫然若失的时候，一次看似平常的际遇改变了他。他曾经这样回忆那段经历：

在我最初失败的时候，一位朋友推荐我参加一个最适合我的课程。我们坐在教室后排，这位朋友低声告诉我："现在上的是大众演说课程。"就在这时，轮到一位学员演讲，他非常害怕，他这种害怕反倒启发了我。我告诉自己："他就像我一样胆小、紧张、害怕，我可能比他还糟糕！"我心里上下打鼓，非常担心自己在众人面前出丑。

正在我忐忑不安时，刚才那位站起来对学员进行点评的人很快向我走来，我那位朋友介绍我与他相识，他就是卡耐基。微笑着的卡耐基魅力无限，这是我非常崇拜的一个人。站在卡耐基面前，我所有的紧张都消失了！

"我很想加入。"这句话没有经过大脑过滤，直接从我嘴巴里蹦了出来。

卡耐基有点意外，但依然保持镇静，他回答："我们的课程已上了一半，你最好等一段时间，新课程将在一个月内开始。"

"不！我希望现在就加入。"不知哪里来的勇气鼓舞了我。

"好！"卡耐基先生微笑着回答，他握着我的手说，"下一个轮到你讲了！"

我当时紧张极了，不停地颤抖，事实上，我简直要被吓倒了。然而，虽然沉默了两分钟，虽然汗流浃背，但我毕竟说了出来。对我而言，这是一个空前的胜利。在这之前，我甚至不敢在一群人面前开口说："大家好！"

这已是30年前的事了，那次演说的情景永远留在我的脑海中，它是我生命的转折点，卡耐基说"下一个轮到你讲了"的声音常在我耳边回响，我的成功归功于我的恩师——卡耐基。

就这样，卡耐基的大众演说课程让法兰克·贝格建立了自信心，提高了勇气，扩大了视野，激发了他的热情和潜能，帮助他表达自己的意见并说服别人，这也使他的推销事业得到了迅速的发展，并最终成为著名的推销大王。

几乎是一念之间，法兰克·贝格战胜了心中的恐惧，跨出了第一步，于是成功地激发了自身的激情和潜能，最终成为著名的推销大王。有时候，只是一念之间的差别，结局可能就大不相同。恐惧喜欢欺软怕硬，想要战胜它，就决不能惧怕它。

每个人的心里都藏着一个名叫“恐惧症”的小魔鬼，它经常会在我们不注意的时候偷袭，让我们对这个世界充满恐惧。面对这样一个“魔鬼”，作为男孩子，我们一定要学会相信自己的能力，学会肯定自己的价值，并保持良好的心态，如此，才能越来越自信，才能战胜这个“魔鬼”。

哈佛精神修炼要点

那么，我们应该如何战胜自己心中的恐惧呢？

1. 提高对事物的认知能力

认识客观世界的某些规律，认识人自身的需要和客观规律之间的关系，提高预见力，对可能发生的各种变故做好充分的思想准备，就会增强心理承受能力。

2. 要培养坚强的意志

学习英雄人物的事迹，通过他们勇敢顽强的精神来提高自己的勇气。在平时的生活中有意识地磨炼自己，培养勇敢顽强的精神。这样，即使真正陷入危险情境，也不会一下就变得惊慌失措，而是能够沉着冷静，机智应对。

战胜自卑，你并不比别人差

威尔逊曾说：“要有自信，然后全力以赴。假如具有这种观念，任何事情十之八九都能成功。”哈佛大学的学子们明白：我们能否获得成功，与外表、地位、肤色没有关系。只要对自己有信心，并不断强化自己的能力，用智慧武装自己，我们就能攀上人生的高峰。

在生活中，我们常常看到一些没有取得成功的人，总是给自己找借口——要么说自己文化水平不高、家庭条件差，要么说自己相貌太平常、年龄太小或太大——最后给自己下结论：我不可能取得成功。

难道成功真是少数人的专利吗？事实不是这样的。无数成功者的经历告诉我们：在成功面前人人平等，成功的大门对任何人都是敞开着的。我们所欠缺的，也许只是发现自身价值的眼光，还有一点自信。

还是让我们来看一则哈佛大学校园里流传着的小故事吧，也许这会对我们有所启发：

在美国的一座城市里，有一位卖糖果的小贩。他是个二十出头的小伙子，虽有点油嘴滑舌，但心地善良。为了销售更多的糖果，他每天都会在市区小孩们聚集的地方出现，所以那里的孩子几乎都认识他。小贩也非常喜欢那些孩子，高兴了还会赠送一两个糖果。他有一个习惯，那就是在生意欠佳的时候，总是会放一些五颜六色的气球，以此吸引更多的小朋友来买糖果。每当孩子们看到这些五颜六色的气球升空时，都感到十分兴奋，纷纷鼓起掌来。

有一天，一个黑人小孩站在一旁，眼睛一直望着升空的气球，过了好一会儿他才低下头，走过去问了小贩一个奇怪的问题："叔叔，为什么黑色气球也可以和其他颜色的气球一样升空呢？"

小贩一时不懂他的意思，就反问他说："小朋友，你为什么要问这个问题？"

黑人小孩回答说："因为在我的印象里，黑象征着穷、脏、乱、苦和无知。有很多的白种人、黄种人都飞黄腾达、成功致富了，可是却没有一个黑人出人头地。所以当我看到红色气球、黄色气球、白色气球升空时，我一点都不质疑，可是我怎么也不敢相信黑色的气球也可以和它们一起升空。可是我刚才看到了，所以我想来问问你。"

小贩明白了，他蹲下来对小男孩说："小朋友，气球能不能升空，并不在于它的颜色，而是由它里面的气决定的。只要充满了气，不管是什么颜色，都是可以升空的。人也一样，一个人能不能成功跟他的肤色是没有关系的，只要他有获取成功的勇气和智慧，同样可以成功。"

自卑，是一个人成功路上最大的障碍。故事中的黑人小孩因肤色而自卑，觉得自己比别人差。殊不知，正是这种自卑阻碍了他对成功的向往和追求。其实我们并不比别人差，别人能够做到的事我们同样也能做到，每一个男

在成功面前人人平等，
成功的大门对任何人都是敞开着的

孩子都应该有这样的自信。不否定自己的能力，不怀疑自己的人生，更不要陷入自卑的泥淖中无法自拔。我们应该战胜自卑心理，抬起头，告诉自己——我并不比别人差！

哈佛精神修炼要点

自卑是可以用实际行动来克服的。战胜自卑，不能夸夸其谈，止于幻想，而必须付诸实践，见于行动。

1. 突出自己，挑前面的位子坐

坐在前面能建立自信。因为敢为人先，敢于将自己置于众目睽睽之下，就必须有足够的勇气和胆量。久而久之，这种行为就成了习惯，自卑也就在潜移默化中变为自信。另外，坐在显眼的位置，就会放大自己在领导及老师视野中的比例，提高在他们视野中出现的频率，起到强调自己的作用。

2. 练习当众发言

在公共场合，沉默寡言的人都认为："我的意见可能没有价值，如果说出来，别人可能会觉得很愚蠢，我最好什么也别说，而且，其他人可能都比我懂得多，我并不想让他们知道我是这么无知。"这些人常常会对自己许下诺言："等下一次再发言。"可是，他们很清楚自己是无法实现这个诺言的。每次的沉默寡言，都是又中了一次缺乏信心的毒，他们会越来越丧失自信。从积极的角度来看，如果尽量发言，就会增加信心。不论是参加什么性质的会议，每次都要主动发言。有许多原本木讷或有口吃的人，都是通过练习当众讲话而变得自信起来的，如萧伯纳、田中角荣、德谟斯梯尼等。因此，当众发言是信心的"维他命"。

永远不要丢下希望

奥格·曼狄诺说：“永远对生活充满希望，幸运就会在不远处等你。”许多哈佛大学的学子都将这句话当作自己的人生信条。人生在世，失去什么也不能失去希望。因为只要有希望，我们就会发现生活给我们留下的快乐，就能体味出生命的意义。

罗曼·罗兰说过：“痛苦这把犁刀一方面割破了你的心，一方面掘出了生命的新的水源。”

人生路上，有些东西是无法避免的，比如命运；有些东西是无法磨灭的，比如记忆。如果痛苦这把犁刀割破了我们的心，我们与其被动地承受，不如勇敢地面对；与其在沉默中孤寂，不如在抗争中爆发。只要走过去了，我们就会看到生命新的“水源”。

事实是，我们可以失去这一件东西或那一件东西，放弃这一个想法或那一个想法，但无论如何，都不能失去和放弃生活的希望。一个失去了生活希望的人，必然会成为一个自甘沉沦、不思进取的人。

1967年夏天，美国跳水运动员乔妮·埃里克森在一次跳水事故中身负重伤，脖子以下的部位全部瘫痪。

乔妮哭了，她躺在病床上彻夜难眠。她怎么也摆脱不了那场噩梦。为什么跳板会滑？为什么她会恰好在那时跳下？不论家里人怎样劝慰她，亲戚朋友们如何安慰她，她总认为命运对她实在不公。出院后，她叫家人把她推到跳水池旁。她注视着那蓝莹莹的水波，仰望那高高的跳台。她，再也不能站立在那洁白的跳板上了，那蓝莹莹的水波再也不会溅起朵朵美丽的水花来拥抱她了。她又掩面哭了起来。从此她被迫结束了自己的跳水生涯，离开了那条通向跳水冠军领奖台的路。

她曾绝望过，但现在，她拒绝了死神的召唤，开始冷静思索人生的意义和生命的价值。

她借来许多介绍前人如何成才的书，一本一本认真地读了起来。她虽然双目健全，但读书也是很艰难的，只能靠嘴叼根小竹片去翻书，劳累、伤痛常常迫使她停下来。休息片刻后，她又坚持读下去。通过大量阅读，她终于领悟道："我是残疾了，但许多人残疾之后，却在另外一条道路上获得了成功，他们有的成了作家，有的创造了盲文，有的创造出美妙的音乐，我为什么不能？"于是，她想到了自己中学时代最喜欢画画。"我为什么不能在画画上有所成就呢？"这位纤弱的姑娘变得坚强起来，变得自信起来。她捡起了中学时代曾经用过的画笔，用嘴叼着，开始练习。

这是一个多么艰辛的过程啊！用嘴画画，她的家人连听也未曾听说过。

他们怕她不成功而伤心，纷纷劝阻她："乔妮，别那么死心眼了，哪有用嘴画画的！我们会养活你的。"可是，他们的话反而激起了她学画的决心："我怎么能让家人养活我一辈子呢？"她更加刻苦了，常常累得头晕目眩，汗水流到双眼里，弄得她十分疼痛，甚至有时委屈的泪水把画纸都浸湿了。为了积累素材，她还常常乘车外出，拜访艺术大师。很多年过去了，她的努力没有白费，她的一幅风景油画在一次画展上展出后，得到了美术界的好评。

不知出于什么原因，乔妮又想到要学文学。她的家人及朋友们又劝她了："乔妮，你的绘画已经很不错了，还学什么文学？那会更苦了你自己的。"她是那么倔强、那么自信，她没有说话，她想起一家刊物曾向她约稿，要她谈谈自己学绘画的经过和感受，她用了很大力气，可稿子还是没有写成，这件事对她刺激太大了，她深感自己写作水平差，必须一步一个脚印地去学习。

这是一条满是荆棘的路，可是她仿佛看到艺术的桂冠在前面熠熠闪光，等待她去摘取。

终于，经过很多艰辛的岁月，这个美丽的梦成了现实。1976年，她的自传《乔妮》出版了，轰动了文坛，她收到了无数封热情洋溢的信。之后的两年，她的第二本书《再前进一步》问世了，该书以作者的亲身经历，告诉残疾人应该怎样战胜病痛，立志成才。后来，这本书被搬上了银幕，影片的主角就是由她自己扮演的，她成了青年们的偶像，成了千千万万个青年自强不息、奋进不止的榜样。

瘫痪了的乔妮没有对生活失去希望，她找到了一个个新的兴趣，并通过努力一步步迈向成功。我们常常羡慕如乔妮那样乐观而坚韧的人，他们虽然遭遇了痛苦和不幸，但能够冷静地思索，使自己变得更强大。他们在困惑迷惘中不是放弃他们渴求的愿望，而是把愿望当作拐杖，依靠它顽强地向前走，向着希望走。

伏尔泰说："人类最可宝贵的财富是希望，希望减轻了我们的苦恼，为我们在享受当前的乐趣时描绘出来日乐趣的远景。如果人类不幸到目光只限于考虑当前，那么人就会不再去播种，不再去建筑，不再去种植，人对什么也不准备了，而在这尘世的享受中，人就会缺少一切。"

所以，男孩们，我们还有什么理由整天垂头丧气，因为一点小事而对生活失去希望呢？

哈佛精神修炼要点

没有人生来就是伟人，也没有人生来就富贵天下，是平庸还是不凡，全在于你敢不敢尝试，在于无论是顺境还是逆境，你是否依然对生活充满希望。

1. 改变不了环境，但可以改变自己

过去已是既定的事实，你需要做的是把握现在，做好当下，不要为逝去的"不可挽回"哀怨，你的人生得自己书写。

2. 保持良好的心态

被人误解时，微微一笑，这是一种素养；受委屈时，坦然一笑，这是一种气度；吃亏时，开心一笑，这是一种豁达；面对挫折，泰然一笑，这是一种大气。因此，我们应该努力保持良好的心态。

3. 养成不轻易依靠他人的好习惯

依赖就像鸦片——初入口时如腾云驾雾，心中得到暂时的满足；时间一长便会上瘾，最终让人骨瘦如柴，无一点生气。所以，依赖心理要不得，它只会让你的抗挫抗压能力直线下降，其结果只能是让你庸庸碌碌，一事无成。

乐观的你潜力无穷

哈佛大学的学子们一直相信这样一句话："有什么样的内心期望，就会选择什么样的信念，就会有什么样的处事态度以及什么样的行为，也就会产生什么样的结果。"你用什么样的方式思考问题，就会有什么样的人生。

两个人从窗子里往外看，一个人看到地上的泥土，一个人看到天上的星星。在危机中，乐观的人看到的是希望，悲观的人看到的是绝望。乐观的心态能把坏的事情变好，悲观的心态会把好的事情变坏。

华盛顿说："一切的和谐与平衡、健康与健美、成功与幸福，都是由乐观与希望的向上心理造成的。"所以，我们应该时刻保持乐观的心态，始终对生活充满热爱和信心。

盲人阅读凸点系统的创始人普瑞尔的人生故事常常被哈佛大学的教授们在课堂上作为案例宣讲：

普瑞尔出生于巴黎附近的一个小镇，他的父亲开了一家皮革店，他常常带普瑞尔到店里，给他小块皮毛玩耍。

一天，父亲有事要离开店铺，留下3岁的普瑞尔一个人在店里玩。普瑞尔学着父亲平日工作的模样，拿起小刀割皮子，却不幸划伤了左眼，普瑞尔的左眼就这样失明了。祸不单行，后来普瑞尔的左眼发炎，蔓延到右眼，结果才3岁的普瑞尔便失去了用眼睛看世界的能力。

然而，普瑞尔并没有因此变得沉默、郁闷，他仍然像未失明时那样活泼快乐。他五六岁时也和其他小孩一样去学校上课。

当普瑞尔10岁时，老师告诉他在巴黎有一所国立启明青年学院。普瑞尔非常兴奋，请求父亲让他到巴黎读书，父亲答应了。

在巴黎启明青年学院，普瑞尔开始读大凸字（当时专为盲人设计的阅读方式，将字母放大同时凸出纸面，方便盲人以手触摸）的书。不过，由于字母非常大且凸出纸面，一本小书往往有几英寸厚，书十分厚重但内容却不多。很快，普瑞尔便把学院内所有的书读完，且铭记在心。

普瑞尔常常对自己说："一定有方法可以让盲人像正常人一样学习，一定有方法让盲人能更方便地阅读。我一定要找出这个方法来，一定要！"

15岁时，他听说陆军上尉巴比业发明了一种方法，让军人在晚上也能读军令。这个消息引起了普瑞尔很大的好奇，他心想：人在黑暗中什么都看不见，怎么能读军令呢？这不是像盲人能看书一样吗？于是，普瑞尔决定请教巴比业上尉。

几经周折，普瑞尔终于拜会了巴比业。巴比业对普瑞尔的遭遇十分同情，对他的梦想更是肃然起敬。他把自己发明的方法详细地告诉了普瑞尔。原来，他是利用尖刀在纸上刻出点和线，通过不同的排列组合，组成了军令的暗码。普瑞尔深受启发和鼓励，并坚信这个方法便是他一直在找寻的能让盲人读、写的方法。

此后，普瑞尔经常思索如何让点和线在纸上凸出排列。他经过无数次的研究和组合，终于将字母以不同的点和位置组合表示出来，盲人只需用手指触摸这些不同点、位的组合，就可以读出字母甚至文章（以下我们将之称为凸点系统）。另外，普瑞尔还发明了一些工具，使打点更加快捷、顺畅。

当普瑞尔在巴黎启明青年学院公布这个新方法时，很多人不以为然，认为使用不同字体，无形中会把盲人从正常社会中分化出来。虽然别人冷嘲热讽，但普瑞尔并不气馁，他对这个方法充满信心，并且不断改良打凸点的方法。

他17岁时从学院毕业，并且开始在那里教书。白天他会用大凸字的书本授课，晚上回家后则全心全意地投入到改良凸点系统的工作中。

普瑞尔20岁时，他的普瑞尔凸点系统正式完成了。他又设计了一些工具，可以用凸点来打字，他打字的速度几乎和一般人讲话一样快。他的凸点系统也能记音符和乐谱，因此盲人也能读乐谱。普瑞尔甚至把莎士比亚及其他古典名著用凸点系统打出来。

这个系统问世时，一般人都不知它的价值，因此对它毫不重视；有人更抱持极度埋怨的态度，因为他们担心原来的大凸字系统会被他的凸点系统取代。不过普瑞尔并未因此放弃努力，仍继续热心地工作。不管到哪里，他都努力宣传他的凸点系统，并教导学生们使用。

普瑞尔终年辛劳地奔波，最终积劳成疾，在43岁就去世了。当时欧洲很多地方已开始使用普瑞尔凸点系统。时至今日，这个系统在全世界已经普遍地为盲人所使用。

普瑞尔在他43岁生日后两天去世，临终时，他说：“人心是非常难了解的，但我相信我在地球上的使命已经完成了。”

对于普瑞尔来说，他的人生之旅没有一步是顺利的，但他克服了生命中的痛苦与压力，并且在15岁时就开始了他创造奇迹的旅程，最后终于成功地造福盲人，完成了人生的使命。这与他乐观的心态是分不开的。

其实，我们每个人都愿意处于欢乐和幸福之中，可生活是错综复杂、千变万化的，经常发生祸不单行的事。悲观的人只会产生生气、苦闷和悲哀这些负面情绪，久而久之并不利于其自身能力的发展，更别说活成最好的自己了。作为一个男孩，往往肩负着许多责任，在生活中更会遇到这样那样的难题，如果总是以悲观的态度看问题，那么我们的世界无疑是灰暗无光的。

所以，从今天起，我们要以乐观之心看待生活，一步步成长，以迎接更好的自己。

哈佛精神修炼要点

日本学者稻盛和夫曾说："人生的道路都是由心来描绘的。所以，无论自己处于多么严酷的境遇之中，心都不应为悲观的思想所萦绕。"由此看来，保持积极乐观的心态非常重要。下面，我们针对如何保持积极乐观的心态提出了几点建议：

1. 用积极的眼光看待事物

在日常生活中，要养成多看事物积极的一面的习惯。遇到好事时，要更加努力；遇到不如意时，要相信自己可以做得更好，在心里默默告诉自己：没有我不能，只有我不做。长此以往，良好的心态便会在你心中扎根安家。

2. 保持健康的生活方式

读好书，多运动，常微笑，保持好心情，按时睡觉，按时起床。规律的生活习惯是踏实感的来源，也是产生正能量的一种途径。

走自己的路，为自己而活

康德说："既然我已经踏上这条道路，那么，任何东西都不应妨碍我沿着这条路走下去。"有时候，我们应该坚持自己心中所想，走自己的路，为自己而活。哈佛大学的学子们大多懂得这个道理，并勇敢地用实际行动证明自己的想法。

我们每个人的时间都是有限的，不要轻易为别人而活，更不要总是活在别人的观念里，这是生活给我们的忠告。勇敢地去做自己想做的事情，也许我们做的事不能让所有人都满意，但如果我们每次总是顾及所有人的感受，就永远无法做成一件事。

哈佛一位教授就讲过下面这样一个故事：

女孩安吉拉从小就梦想着成为一名有声望的艺术家，特别是画家。她喜欢用颜色、线条表现自己对世界的认知，她认为只有绘画才是最佳的表达方式。她崇尚画家自由飘逸的生活方式，她认为这种工作富有幻想和情趣，并且自己会从中得到一种满足感。

为了实现这个梦想，安吉拉每天都要拿起画笔涂涂抹抹。她对自己说：“你必须要为明天的梦想努力！”她的作品得到了周围人的认可，她感到骄傲极了！然而，她的自信瞬间被一个美术教师击碎了！

那是安吉拉只有十几岁时，父母为她和妹妹一同报了一个美术学习班。学习结束时，指导老师对安吉拉的父母说：“姐姐似乎不太适合美术这一类的课程，她的天赋在这方面很有限；而妹妹就不一样了，她灵活、聪明、悟性又好，是块学美术的好材料。与妹妹比起来，姐姐差得很远。”

安吉拉听到老师的评价后，感到非常失望。父母为了不打击女儿的自信心，并没有将老师的话转告安吉拉，只是建议她学习音乐或书法。安吉拉只是沉默着，她不想让父母伤心，也不想承认老师的话。她只能保持沉默，只能默默思索，安静地努力。倔强的安吉拉并没有被老师的话吓倒，也没有就此消沉下去。她将老师的差评变成了向上的动力，并拿起笔和墨水开始练习作画。

多年以后，安吉拉如愿成为颇有声望的画家。她的作品在展览会上展出，很多人赞不绝口，但她最想听到的是出自她启蒙老师之口的评价。这是她生命的痛点，是她艺术生涯的转折点，这对她意义非凡，所以她一定要知道那位老师的评价。

展会那天，安吉拉特意邀请那位评价她没有天赋的老师参观她的作品。戴着金丝眼镜的老师认真地看着安吉拉的每一幅画，她是个认真且苛刻的老师。参观完毕后，她热情地握着安吉拉的手告诉她：“这是我见过的最具想象力的钢笔画。”

安吉拉微笑着长舒一口气，她不想告诉老师当年的故事，她只是默默地感叹：“幸好我坚持了自己！”

一个人要始终坚信自己的选择是正确的，并一如既往地坚持，奋不顾身地往前，是需要极大的勇气和智慧的。“走自己的路，让别人去说吧”这样的话，谁都可以说，但大多数人并没有强大到不顾任何人的看法。故事中的安吉拉经历了对自己质疑的一个过程，直到最后才终于坚持了自己。

男孩子应该认清这样一个事实：评价无处不在。但是，当我们拥有一个好的想法时，当我们拥有一个美好的梦想时，千万不要因为别人的几句话就将它搁置，或是怀疑自己。一个真正自信的人，懂得在坚持自己的过程中，吸取他人评价中的优点，一步步完善自己的想法，朝梦想进发。

哈佛精神修炼要点

生活中，评价无处不在，你无法避免。那么，男孩子应该如何正确认识他人对自己的评价呢?

1. 把别人的评价当作参考

总是被别人的评价左右，其实是件很痛苦的事情。不被别人的评价左右并不是要你全盘否定来自每一个人的评价或指点，别人的评价可以当作参考，好的、正确的可以借鉴，不好的你听听就好了，不要太在乎而让它左右了自己的思想。

2. 每个人的成就点是不一样的

同样一件事，他做不到的也许你就能做到，你做不到的也许别人就能做到。记住，每个人的能力、价值观都是不一样的，很多事情都是没有可比性的，不能一概而论。

3. 肯定自己

想要得到别人肯定的评价，自己首先要肯定自己，不一定非要证明什么给别人看，因为你没必要为了得到别人肯定自己的评价而改变自己的思想。永远要记住你是为自己而活的。

跟随自己的心，成为自己希望的样子

哈佛大学的教授告诉自己的学生："我们要随时准备跟随自己的心，而不是随波逐流。"大多数哈佛大学的学子在自己的人生旅途中的确做到了，并努力成为自己希望的样子。我们要学会跟随自己的心，让它告诉你自己想要成为一个什么样的人，然后努力把自己变成那样。

很多时候，人会因为各种各样的原因而改变自己的想法，因为在意别人的看法而不敢跟随自己内心的感觉走。其实，放下那些外在的因素，遵循自己的想法，才能更容易看清自己的目标，发掘自己的潜能，成就精彩的人生。

希尔丽是一个文学爱好者，她用了很长的时间写了一篇小说，然后拿给一位著名的作家看，希望能得到他的教诲。她来到了作家的家里，作家很热情地接待了她。不巧作家此时眼睛不太好，希尔丽把小说念给作家听。很快，她就读完了，停下来。

作家问："结束了吗？"

听他的语气，似乎渴望能有下文！想到这里，希尔丽立刻产生了灵感，回答说："没有啊，后面的部分更精彩。"于是她就根据自己的想象继续往下"念"。

过了一会儿，作家又问："结束了吗？"

希尔丽心想：作家肯定是渴望把整个故事听完。于是她又继续往下"念"。

如果不是突然响起的电话铃声打断了希尔丽的话，她会一直"念"下去的。

作家因为有事需要马上出门，临走前，他说："其实你的小说早该收笔，在我第一次询问你是否结束的时候，就应该结束。何必又往下写那么长呢？看来你缺乏作为一名作家最基本的素质——决断。决断是当作家的基本素质，拖泥带水的作品怎么能打动读者呢？"听了作家的话，希尔丽后悔莫及，心想：看来自己不适合从事写作的工作，还是放弃，为自己重新找一个方向吧！

很多年后，从事了好多年绘画职业的希尔丽，还是想拿笔进行创作。因为她从心里喜欢写作，那是她儿时的梦想，可惜偏偏不具备写作的基本素质。人生真的是有很多不如意。

转折总是出现在最意料不到的地方。通过一个很偶然的机会，希尔丽结识了一位更著名的作家，当希尔丽和他谈及当年给作家念小说的事情时，这位作家不禁惊呼："你能在那么短的时间里编出那么精彩的故事，真是不容易呀！这是作为一个优秀作家应该拥有的最基本的能力，而你却放弃了写作，实在是太可惜了！"

希尔丽呆呆地坐在那里，她突然意识到自己曾经距离文学梦那么近，但仅仅因为别人的评价却走上了另一条道路。

跟随自己的心，还是选择他人的看法？多年前的希尔丽选择了后者，这导致她错过了自己的文学梦，徒留遗憾。在不同的人生里，每一样东西的合适位置都不尽相同，这取决于我们的目标以及我们想要怎样的生活。只有跟随我们的内心，做自己喜欢的事情，这样的人生才真正对自己有意义，自己才能真正从生活中获得快乐。

一个自信的男孩，一定是懂得取舍、懂得选择和权衡的。喜欢什么，愿不愿意跟随自己的心前行，又能在多大程度上抵制他人的看法——我们一定要想清楚这些，千万不要如希尔丽一般，追悔莫及。

哈佛精神修炼要点

人最大的弱点，就是太看重别人的看法和反应，顾虑重重，从而放弃了自己内心的想法，将本来很简单的事情复杂化了。那么，我们又该如何跟随自己的内心呢？

1. 是跟随，不是固执

跟随自己的内心，是有前提的：你的想法一定要有可行性。如果它是一个死胡同，那你还坚持干什么呢？所以，听取意见是必要的，但你也要有一定的判断力和分析力，勿要固执自大，也勿要毫无主见。

2. 过程是艰辛的，须有强大的信念

挫折和失败随时都会发生，你必须武装自己的内心，以应对意想不到的困境，使自己不会半途而废。要知道，半途而废与从未出发是一样的。

成功从不辜负一颗自信的心

哈佛大学一位教授说："自信是一个人的胆，有了这个胆，你就会所向披靡。"人不能没有自信，不能没有掌控自己命运的魄力和信心。哈佛大学的学子们告诉你：只要你拥有自信，你就可以成为自己想成为的人。

如果我们仔细观察就会发现，世界上任何一个成功的人都拥有一种绝对的自信，即便在他们人生最糟糕的时候，他们也始终昂头前行。而多数碌碌无为的人，往往一遇到点挫折就轻言放弃，从此心灰意冷，甚至一蹶不振，而这正是失败的开始。

我们能做出一番成绩还是碌碌无为，与我们是否自信有很大关系。马尔顿说："坚决的信心，能使平凡的人做出非凡的事业。"事实的确如此。我们可以资历平平，可以没有较高的起点，但不能没有信心。信心是一把火，可以在最黑暗的时刻照亮你的人生。

被誉为"世界第一经理人"的美国通用电气公司董事长杰克·韦尔奇，出生于美国一个典型的中产阶级家庭，他的父母在结婚16年后才生下这个独子。小时候的杰克与父亲并无太多接触，因为他的父亲是个工作狂，几乎每天都早出晚归，所以，母亲就担负起培养杰克的任务。

不得不说，杰克的母亲可谓一个出色的教育者，与其他母亲不同的是，她对儿子的关心更体现在提升儿子的能力与意志力上。从小母亲就告诉杰克，一定要主宰自己的命运，不管何时都坚信自己能行。

杰克有一个非常突出的问题，那就是口吃，可他的母亲并不认为这是什么缺陷，相反，还表扬他道："你有点儿口吃，这不是什么坏事，这正说明了你聪明、爱动脑，想的比说的快些罢了。"母亲的话让杰克感到了极大的自信。

所以，口吃的毛病不仅没有阻碍杰克发展，甚至还为他树立起特别的个人形象。在平时的生活中，注意到杰克有口吃缺陷的人，都对杰克抱有极大的敬意，因为一位有口吃缺陷的人竟然在商业领域取得如此巨大的成功，这简直堪称是一个奇迹。美国广播公司的新闻总裁迈克尔甚至开玩笑地说道："杰克真是了不起的人，有时候我真恨不得像他一样口吃！"

杰克从小就酷爱运动，对曲棍球尤其喜欢，很小的时候，他就经常和同学到其他城市参加曲棍球比赛。其他的孩子出远门一般都会有父母陪伴，不过他的母亲却拒绝这么做，她认为杰克是一个大人了，应该独自去参加比赛。其实，杰克的母亲正是为了训练他的独立能力。

很快，杰克中学毕业了，他的梦想是进入美国最好的大学，不过结果却事与愿违，杰克只能进入马萨诸塞大学的阿默斯特分校。杰克感到非常沮丧，希望来年再考，不过母亲却鼓励他进入马萨诸塞大学就读。进入这所大学不久，杰克就由开始的沮丧变得无比庆幸起来，他这样说道："如果当时我勉强上了麻省理工学院，那我就会因为入学成绩较差而被伙伴们打压，永远没有出头的一天。然而，这所较小的州立大学让我获得了自信。事实证明，母亲让我进马萨诸塞大学是对的。”

于是，杰克成了马萨诸塞大学成绩最好的学生。不管何时，他都充满自信，这种自信贯穿了他的整个人生，并使他成为世界上最顶尖的人物之一。

培根说：“深窥自己的心，而后发觉一切的奇迹在你自己。”故事中杰克的成功经历就是一个伟大的奇迹。他没有因为口吃而自卑，更没有因为困难而退缩，这与其母亲的教育息息相关。一定要主宰自己的命运，无论何时都要相信自己能行——这是母亲对他的忠告。正是这样的理念灌输，使杰克成为一个自信的人，而成功从不辜负一颗自信的心。

作为新时代的青少年，男孩们应该注重自己自信心的建立，时刻告诉自己：命运主宰在自己手中！

哈佛精神修炼要点

外因是辅助，内因才是根本。自信心的建立最终源于自己对自己的欣赏。所以，增强自信心就从欣赏自己做起吧。

1. 经常对自己进行心理暗示

比如你很棒，大家很喜欢你，你可以取得成功，你可以拥有你想要的生活，等等。

2. 用具体行动给欣赏自己以理由

尽量去做一些事情，比如帮助他人、按时完成作业、学会一种新的技能，等等。每次完成一些事情，都可以记录下来，并给自己以评价。

◆ 成功源于自信，只要对自己充满信心，就会精力充沛、豪情万丈，活得有滋有味。

◆ 人生的意义，就在于找到自己的起点，给自己一个定位，然后向着一个方向拼搏和努力。

◆ 在成功面前人人平等，成功的大门对任何人都是敞开着的。我们所欠缺的，也许只是发现自身价值的眼光，还有一点自信。

◆ 我们每个人的时间都是有限的，不要轻易为别人而活，更不要总是活在别人的观念里，要勇敢地去做自己想做的事情。

◆ 放下那些外在的因素，跟随自己的想法，才能更容易看清自己的目标，发掘自己的潜能，成就精彩的人生。

PART 7

哈佛自制力

教会男孩抵制诱惑，做自己的主人

在生活中，诱惑几乎无处不在，它从每一个角落里走出来，希望成为我们心灵的主人。事实上，一个被诱惑牵着鼻子走的人，往往自制力薄弱。而一个自制力薄弱的人，往往会一事无成。一个有自制力的人懂得如何做自己的主人，拨开眼前重重的迷雾，抵制诱惑，一步步走向成熟。

增强自制力，不成为感情的奴隶

几乎每一个哈佛大学的学子都听过这样一句话："在面临诱惑的旋涡时，自制力就是你的中流砥柱。"诱惑无处不在，但一个拥有超强自制力的人却能从中走出。哈佛学子明白：一个人一旦失去了自制力，便可能误入歧途，导致一生的遗憾；而只有能控制住自己的人，才能掌握自己的命运。

情商的高低对一个人能否成功起着至关重要的作用，而自制力作为情商的重要因素，无疑有着非同寻常的意义。自制力的构成是一个矛盾体，矛盾的一方是感情，另一方是理智。在日常生活中，如果我们任凭感情支配自己的行动，那便会使自己成为感情的奴隶，容易分心，不能专心致志。这是缺乏自制力的表现，对个人今后的发展非常不利。

很多哈佛大学的学子都听过一个关于10美元的故事：

有一则很独特的广告："招聘一个能自我克制的小伙子。每星期8美元，表现优异者可以拿10美元。"这则奇特的招聘广告引发了议论。因为它有点不平常，自然引来众多的求职者。

每个求职者都要经过一个特别的考试。

“孩子，能阅读吗？”

“能，先生。”

“你能读一读这一段吗？”商人把一张报纸放在小伙子的面前。

“可以，先生。”

“你能一刻不停顿地朗读吗？”

“可以，先生。”

“很好，跟我来。”商人把小伙子带到他的办公室，然后把门关上。他把这张报纸递到小伙子手上，上面印着他答应不停顿地读完的那一段文字。阅读刚一开始，商人就放出六只可爱的小狗，小狗跑到小伙子的脚边。这太过分了，小伙子经受不住诱惑就看看美丽的小狗。由于视线离开了阅读材料，小伙子忘记了自己的角色，当然他也失去了这次机会。

就这样，商人打发走了70个小伙子，终于，有个小伙子不受诱惑一口气读完了。商人很高兴，他们之间有这样一段对话：

商人问：“你在读书的时候没有注意到你脚边的很多小狗吗？”

小伙子回答道：“对，先生。”

“我想你应该知道它们的存在，对吗？”

“对，先生。”

“那么，为什么你不看一看它们？”

“因为你告诉过我要不停顿地读完这一段，所以我不会轻易放弃阅读。”

“你总是遵守诺言吗？”

“的确，我总是努力地去做，先生。”

商人高兴地说道："你就是我要招的人。明早7点钟来，你每周的工资是10美元，我相信你大有前途。"

故事中的那个小伙子之所以能在一众竞争者中脱颖而出，并不是因为他的能力有多强，而只是因为他能够专心致志地完成面试官吩咐的事，战胜外物的干扰和诱惑，做到不分心。这是一种过人的品质和优点。

哈佛大学的学子们知道：在人生道路上，自制力是顺利通过悬崖边的安全屏障。我们每一个男孩子都应该找到这道"安全屏障"，学会抵制外界的诱惑和干扰，使自己真正做到心无旁骛。这个时候，也许机遇和成功的大门就会向我们敞开。

哈佛精神修炼要点

那么，我们应该怎样做才能提高自己的自制力呢？

1. 有针对性地改掉一个坏习惯

一个自制力差的人常常有很多坏毛病，譬如作息不规律、不爱运动、懒惰等，所以一定要下决心攻克一个坏毛病。万事开头难，只有先攻克了一个，才能接着攻克其他的。

2. 自我暗示

为了提高自制力，我们也可以选择一个有利于自己的情境来自我暗示。比如，当自己学习了一会儿就感到静不下心时，不妨闭上眼睛，调整呼吸，然后有意识地摆脱自己的厌倦情绪，暗示自己是刚刚开始要学习，然后做出努力的表情开始继续学习。

学会对诱惑说“不”

“失去自制力将使你在欲望的泥沼中无法自拔。”哈佛大学的教授们常常让学生们将这句话时刻谨记在心，时刻鞭策自己，及时矫正自己的方向。哈佛大学的学子们明白：诱惑无处不在，但要学会对诱惑说“不”，真正做自己的主人。

人，是占有欲很强的动物，因为私心，因为有太多的不满足，因为世界上有太多的新鲜事物，从小到大，我们的人生都充满了各种诱惑。不管你承认与否，你的所作所为都有一定的诱因，只不过你没有发觉而已。

哈佛大学教授告诉你：“人生路上的种种诱惑，都是防不胜防的。它们就如细菌一般无孔不入，腐蚀你的生命之树，让你陷入万劫不复之中。”能够抵御诱惑、知道自己到底想要什么的人，是有智慧的人，也是有勇气的人。

在墨西哥海岸边，有一个美国商人坐在一个小渔村的码头上，看着一个墨西哥渔夫划着一艘小船靠岸，小船上有好几尾大黄鳍鲔鱼。这个美国商人对墨西哥渔夫能捕到这么高档的鱼恭维了一番，问他要多长时间才能抓这么多鱼。

墨西哥渔夫说："才一会儿工夫就抓到了。"美国人再问："你为什么不待久一点，多抓一些鱼？"墨西哥渔夫不以为然："这些鱼已经足够我一家人生活所需啦！"美国人又问："那么你一天剩下那么多时间都在做什么？"

墨西哥渔夫解释："我呀？我每天睡到自然醒，出海抓几条鱼，回来后跟孩子们玩一玩，再跟老婆睡个午觉，黄昏时晃到村子里喝点小酒，跟哥们儿玩玩吉他，我的日子过得又充实又开心！"

美国商人不以为然，帮他出主意，说："我是美国哈佛大学企业管理硕士，我倒是可以帮你的忙！你应该每天多花一些时间去抓鱼，到时候你就有钱去买条大一点的船。自然你就可以抓更多的鱼，再买更多的渔船，然后你就可以拥有一个渔船队。到时候你就不必把鱼卖给鱼贩子，而是直接卖给加工厂，或者你可以自己开一家罐头工厂。如此你就可以控制整个生产、加工处理和行销。然后你可以离开这个小渔村，搬到墨西哥城，再搬到洛杉矶，最后到纽约，在那里经营你不断扩大的企业。"

墨西哥渔夫问："这要花多少时间呢？"

美国人回答："十五到二十年！"

墨西哥渔夫问："然后呢？"

美国人大笑着说："然后你就可以在家当皇帝啦！时机一到，你就可以宣布股票上市，把你公司的股份卖给投资大众。到时候你就发啦！你可以几亿几亿美元地赚！"

墨西哥渔夫问："然后呢？"

美国人说："到那个时候你就可以退休啦！你可以搬到海边的小渔村去住。每天睡到自然醒，出海随便抓几条鱼，跟孩子们玩一玩，再跟老婆睡个午觉，黄昏时，晃到村子里喝点小酒，跟哥们儿玩玩吉

能够抵御诱惑、知道自己到底想要什么的人，

是有智慧的人，也是有勇气的人

他喽！”

墨西哥渔夫说：“我现在不就过着这样的生活吗？何必要绕圈子呢？”

美国人一言不发。

墨西哥渔夫告诉我们：我们的人生要有所得，就不能让诱惑自己的东西太杂，努力的方向过多。我们要学会简化自己的人生，要经常地有所放弃，把自己生活中和内心里的一些东西断然舍弃掉。

所以，男孩子应该从小学会对诱惑说“不”，找准自己的目标，并不遗余力地为之奋斗。

哈佛精神修炼要点

荀子说：“人生而有欲。”人有七情六欲，有环境、性格、家人、社会等因素造成的不同的个人欲望。也正是因为有欲望，我们才会去为之奋斗，才会进步，但这不等于欲望可以无度。欲望过多便成为诱惑，稍有不慎便会将你引入歧途。所以，面对各种诱惑，我们应该理智应对。

1. 学会对诱惑说“不”

在布满了诱惑的人生路上，我们要学会拒绝，远离诱惑。只有控制自己的欲望，我们才能在各种各样、形形色色的诱惑面前保住自己心灵的净土，才能真正做自己的主人。

2. 学会控制自己学习和娱乐的时间

作为一名学生，你应该合理地安排自己的学习时间，并控制自己的娱乐时间，分清主次。最好是为自己设计一个时间表，并严格按照时间表来分配时间。不妨让家长时常督促，给你提醒。

正确看待金钱的诱惑

菲尔丁说：“如果你把金钱当成上帝，它便会像魔鬼一样折磨你。”哈佛大学的学子们大多都能正确对待金钱的诱惑，既不将其奉为上帝，也不将其贬为魔鬼。他们明白，金钱并不是万能的，也并非人生中最重要的追求。

在当今这个物欲横流的社会中，金钱扮演着举足轻重的角色。然而，它在给我们带来“利”的同时，也给我们带来了很多“弊”。对金钱的盲目追求，常常使我们忘记了自己最初的目标，变得永不知足。

有人说：“金钱可以使你上天堂，也可以使你下地狱。”任何东西都有两面性，我们应该学会辩证地去看待，守住自己心中的底线，坚持做自己心灵的主人。一个能够抵御金钱诱惑的人，无疑是智慧的。

在这个世界上，有多少人能抵制住魔鬼钱袋的诱惑？哈佛大学的教授曾在课堂上给自己的学生讲了这样一个故事：

在一间破旧的屋子里，住着一个穷人。他真的很穷，穷得连床都没有，只好躺在一张长凳上。这张长凳摇摇晃晃，发出吱吱的响声，仿佛在向穷人抗议。

穷人丝毫不理会长凳的抱怨，因为他自己也整日活在抱怨里。只要一躺下来，他就叹着气自言自语地说："唉，我怎么就不发财呢？如果我发了财，我可不是一个吝啬鬼……"他经常自诩是痛快人、大方人，可他从来没有任何东西可以借给别人。

有一天，这个穷人的话被一个魔鬼听见了，它来到这个穷人的身旁说："你想发财是吧？那就让我来帮你吧。"魔鬼给了他一个有魔力的钱袋，对他说："这钱袋里永远都会有一块金币，你是拿不完的。但是，只有在你把钱袋扔掉后，这些金币才可以花。"

说完，魔鬼就转身不见了。穷人拿起魔鬼送给他的钱袋，一摸，果真里面装着一块金币。穷人把那块金币拿出来，里面又有了一块。穷人高兴极了，他不停地往外拿着金币，拿了整整一夜。天亮的时候，金币已有一大堆了，足够他丰衣足食地过一辈子。这时他感觉很饿，想去买面包。但是，他想起魔鬼的话：在他花钱以前，必须扔掉这个钱袋。他说什么也舍不得把这个宝贝扔掉，因为他还想要豪华的别墅、广阔的土地和上百名的用人，他想要成为全世界最富有的人。于是他又开始从钱袋里往外拿钱，并且不吃不喝地拿。

终于，他因极度饥饿和劳累病倒了，但他依旧乐此不疲地往外拿金币。不久，他就连从钱袋里往外拿金币的力气也没有了。最后，他死在了钱币堆里。临死时他手里捧满了金币，懊悔地说："我怎么就没拿这些钱去看病呢？"

男孩们，想一想如果你也有一个魔力钱袋，你会怎么做？会不会如故事中的穷人一样，被贪婪和诱惑打败，蒙蔽了自己的双眼？每一个男孩都应该树立一个正确的金钱观，把握住自己的心，让金钱为自己服务，而不是做金钱的奴隶。

哈佛精神修炼要点

有人说，钱不是万能的，但没有钱是万万不能的。我们又该如何正确地看待金钱呢？

1. 金钱是身外之物

金钱对于我们的日常生活来说固然重要，但是在与亲情、尊严相比之后，它又变得一文不值。所以，面对金钱的诱惑，我们应该多一分淡定。

2. 要通过自己的劳动来获得金钱

天下没有免费的午餐，我们应该用自己的双手去创造财富，而不是整天做白日梦或无所事事。懒惰无为的人，终将什么也得不到。

3. 要坚定自己的内心

我们要遵守原则，知道自己所追求的是什么，不要让金钱蒙蔽了眼睛。

总有人扰乱心神，你只需充耳不闻

一位哈佛大学教授说过：“在追求成功的过程中，打败我们的，常常是心的动摇。”心的动摇，有内因，也有外因，周围的环境便是外因，总有人会伺机扰乱我们的心神，让我们受到外界的干扰。一个自制力强的人，懂得对不好的声音充耳不闻。

在日常生活中，如果我们太在意别人的看法，就不能做真正的自己，更不可能展现真实的自我。这也是一种诱惑，因为它已然干扰到我们的心神，让我们无法看清自己的真正需求。如果我们有心做成一件事，就不如做个“聋子”，把他人的反对之音抛诸脑后，然后专心一搏。

仙女湖畔住着一个古老的青蛙家族，住在附近的人们每天都可以听到此起彼伏的蛙声。人们深信神奇的青蛙家族可以给他们带来幸运，所以想尽办法保护它们。就这样，青蛙家族在仙女湖旁生活了上千年。

一天，青蛙族长决定举办一场比赛，希望借机决定族长的候选人。族长和最具声望的长老商量后决定了比赛的内容和形式，即攀爬一座很高的铁塔，谁最先爬到塔顶谁就是胜利者。这场比赛在青蛙族群里被广泛宣扬，大家都跃跃欲试，至于真正的目的只有族长和几位长老知道。

这座铁塔是仙女湖旁最高的建筑物，足足有100米高。由于铁塔实在太高了，青蛙们根本不相信有谁能爬到塔顶。它们议论纷纷：“这根本就是不可能完成的任务嘛！”“不可能有谁爬上去！这塔实在是太高了！”“这个比赛毫无悬念！没有人能成功！”“谁会参加这种必定失败的比赛？”

听到大家的议论，参赛的选手都泄了气，也开始怀疑起自己的能力来，很多青蛙陆续退出了比赛。剩下的青蛙选手也整日忐忑不安，犹豫着是否选择退赛。它们整日在担心中度过，将最重要的体能训练都放在了一边。

群蛙仍然喊着：“这太难了！没有谁能够爬上去的！”

比赛开始了，由开始的50名参赛选手减少为10名，所有的青蛙都前来观赛。随着比赛的进行，越来越多的选手精疲力竭，退出了比赛。唯独一只青蛙继续向上不停地爬着，根本看不出它有丝毫想放弃的意思。这是蛙族里最不起眼的一位成员，整日不说一句话。它使出浑身解数，终于成为唯一一个爬到塔顶的英雄！

这件事震惊了蛙族，包括族长和长老，它们都没想到族里最普通的成员会成为最后的胜利者。大家都很好奇：为什么这只青蛙能够成功？群蛙围拢过去，七嘴八舌地询问道：“你是怎么爬上去的？”而那只胜利的青蛙却依旧默默无语，直到这时，大家才发现原来它是个聋子！

族长默默点点头，向众人宣布：“它就是下任族长的候选人！”

周围的反对声是如此激烈和嘈杂，可那只最终爬到顶点的青蛙却始终充耳不闻，专心致志，一心一意地朝着自己的目标前进，不得不让人佩服。原来，它的真正秘诀在于——它是一个聋子。一个聋子，又怎么能听见他人的反对和质疑之声呢？

男孩们，只要我们坚定了自己的信念，面对周围的干扰之声，学会做一个“聋子”，将不好的声音先屏蔽在外，那就一定能攀上自己的高峰。

哈佛精神修炼要点

“走自己的路，让别人去说吧”，虽然这句话并不全对，但在追求梦想或目标的过程中，却是很好的一剂心态良药，能让你一身轻松、心无所畏地上路。

在生活中，我们又该如何面对那些不好的声音呢？

1. 学会辩证地看待他人的反对之语

世界上没有一个永远不被毁谤的人，也没有一个永远被赞叹的人。当你话多的时候，别人要批评你；当你话少的时候，别人要批评你；当你沉默的时候，别人仍然要批评你。在这个世界上，没有一个不被批评的人。

2. 正确看待自己的能力

对于自己的优点，不能狂妄自大；对于自己的缺点，也不要妄自菲薄。我们应该珍惜自己所拥有的，对于他人的所长，也应该以大气的胸怀去欣赏。

3. 要清楚一点：在他人眼中，你真的没那么重要

事实上，人们并不像你想的那样对你有过多的想法。他人只关心自己遇到的问题，而且通常讨论的也是他们生活中遇到的问题。认识到自己在别人眼里并不是那么重要，这确实会让人有点失望，但对你来说同时也是一种解脱。

懂得自我约束，清除杂念与欲望

在成长的路途中，我们要学习和掌握多种本领，其中有一种本领非常重要，但又往往容易被忽视，那就是清除不必要的杂念与欲望、约束自己的本领。哈佛大学的学子们告诉我们：“一个懂得约束自己的人，往往有强大的自制力，能抵御生活中的许多诱惑。”

塞涅卡说：“能约束自己的人最有威信，最能成功。”约束自己需从心出发，清除不必要的杂念十分重要。正如“水无波自定，镜无尘自明”，人的心灵也是一样，只要去除心中的杂念，清澈自然的心灵就会出现，我们也更能看清自己的追求，达至人生的圆满。

美籍印度人蒙克夫·基德是一位伟大的登山家。他的登山故事几乎全球皆知，并被哈佛大学的教授们反复提及：

在未带氧气瓶的情况下，蒙克夫·基德多次孤身一人跨过6500米的死亡线，最终登上了世界第二高峰——乔戈里峰。因为这一壮举，他于1993年被载入吉尼斯世界纪录。

不带氧气瓶登上乔戈里峰一直是很多登山者的终极梦想。然而，自1881年有人携带氧气瓶登上峰顶后，再无人能够扔掉氧气瓶。因为6500米高度的空气稀薄程度已经达到人类能承受的生理极限，再前进一步都需要付出极大的力量，更不要说8000米的峰顶了，但蒙克夫却奇迹般地做到了！当世界第二高峰乔戈里峰臣服在他的脚下时，他热泪盈眶。

在颁发吉尼斯纪录证书的记者招待会上，很多人都对他无氧登山的经历钦佩不已。

有一个记者问道："对很多人来说，即便是有氧登山也困难重重，而您却能在无氧的情况下登上世界第二高峰，实在让人惊讶不已。请问，无氧登山有什么奥秘吗？"

蒙克夫·基德笑了笑，这样描述道："很多事如果不试一试，你根本不知道自己的潜力有多大。无氧登山其实并没有想象中那么难，你需要面临的最大障碍是欲望。因为在山顶上，任何一个小小的杂念都会使人感觉到需要更多的氧气。我之所以能取得成功，就是因为我学会了清除欲望和杂念。"

"壁立千仞，无欲则刚。"人生在世，若能做到清心寡欲，便逃离了纷纷扰扰，抓到了幸福的核心。正如登山一样，不要因各自高度的不同耿耿于怀。轰轰烈烈也罢，平平庸庸也好，都只不过是登山罢了，只要在过程中得到享受就足矣。那些内心充满各种欲望、汲汲于名利的人必定无力向上，一旦成功也只会沉溺于享乐之中。

蒙克夫·基德无疑是明智的，他清除了自己的欲念，因而也战胜了自我，最终成功地登上了高峰。男孩们，我们也应该学会约束自己的心，不要让它杂念太多、欲望太过。因为只有做到心无旁骛，我们才能攀登到成功的顶峰。

哈佛精神修炼要点

下面介绍几种约束自己的方法：

1. 准备每日任务小纸条

要想把每一天的生活都安排得妥妥当当，最好的方法是：每天早上起来后就在一张纸条上写下当天要完成的几件事，或是前天晚上写好，然后一件一件地去完成，在未完成之前不要去做其他事情。这样，事情就会很快地完成，而且自己的心情也会变得十分愉快。

2. 自我催眠

比如说不想写作业时就告诉自己：写作业！然后不停地想着这个问题，就会开始慢慢在潜意识里面形成认识。特别是在我们每天晚上睡觉之前，做这个是很有效的。

3. 制订一个可行的长远计划

假如你想完成一件大事，那就从周计划、月计划、年计划开始做起，并且把自己的想法告诉身边的父母、朋友、亲戚等，在自己管不住自己的时候可以让他们时时刻刻提醒你。

精英养成语录

自我控制是最强者的本能。

——萧伯纳

最大的胜利，就是战胜自己

芬兰作家西兰帕说："所有胜利的第一条件，是要战胜自己。"在面对外界诱惑的时候，我们尤其要学会战胜自己。哈佛大学的学子们都知道，一个不能战胜自我、抗拒诱惑的人，一定是一个意志力薄弱的人。误入歧途只在一念之间，我们都应该强大自己的意志力，与外界的诱惑对抗，不要一失足成千古恨。

人在一生中，最大的敌人就是自己。一个人若是能战胜自己的欲望，就能赢得整个世界。

哈佛大学的学子们都知道，能控制住自己欲望的人才有可能成为成功的人。我们总会有许多渴望和欲求，它们总想突破束缚，哪怕我们的意志力再强大。而且如果欲望得不到满足，它就会越积越深，越来越强烈，直到某一天以一种你无法控制的力量爆发。所以，战胜自己是一种长期的修行，更是与自己内心做斗争的过程。

曼谷的西郊有一座寺院，因为地处偏远，所以平时上香的人很少，非常冷清。

寺庙原来的住持圆寂后，新来了一个叫索提那克的法师做住持。初来乍到，他绕着寺院巡视了一番，发现寺院周围的山坡上到处长着灌木。那些灌木呈原生态生长，树形恣肆而张扬，看上去随心所欲，杂乱无章。索提那克找来一把园林修剪用的剪子，时不时地去修剪一棵灌木。半年过去了，那棵灌木被修剪成一个半球形状。

这天，寺院来了一位不速之客。来人衣着光鲜，气宇不凡。法师接待了他。法师陪他四处转了转。行走间，客人向法师请教了一个问题："人怎样才能清除掉自己多余的欲望？"索提那克法师微微一笑，折身进内室拿来那把剪子，对客人说："施主，请随我来！"

索提那克法师把来客带到寺院外的山坡。客人看到了满山的灌木，也看到了法师修剪成型的那棵半球形状的灌木。法师把剪子交给客人，说道："你只要能经常像我这样反复修剪一棵树，你的欲望就会消除。"

客人疑惑地接过剪子，走向一棵灌木，咔嚓咔嚓地剪了起来。一壶茶的工夫过去了，法师问他感觉如何。客人笑笑，说："感觉身体倒是舒展轻松了许多，可是日常堵塞心头的那些欲望好像并没有放下。"法师颔首说道："刚开始都是这样的。经常修剪，就会好的。"

来客走的时候，跟法师约定他十天后再来。然而法师并不知道，来客正是曼谷最享有盛名的娱乐大亨，近来他的生意遇到了以前从未经历过的难题。

十天后，大亨来了；二十天后，大亨又来了……三个月过去了，大亨已经将那棵灌木修剪成了一只初具规模的鸟。法师问他现在是否懂得了如何消除欲望。大亨面带愧色地回答说："可能是我太愚钝，眼下每次修剪的时候，都能够气定神闲、心无挂碍。可是，从您这里离开，回到我的生活圈子之后，我所有的欲望依然像往常那样冒出来。"

法师笑而不言。当大亨所修剪的“鸟”完全成型之后，索提那克法师又问了大亨同样的问题，大亨的回答依旧。这次，法师对大亨说：“施主，你知道为什么当初我建议你来修剪树木吗？我只是希望你每次修剪之前都能发现，原来剪去的部分，又会重新长出来。这就像我们的欲望，你别指望能完全消除，我们能做的，就是尽力把它修剪得更美观。”

每次面对诱惑，都能坚决地说“不”，我们才能把握好自己人生的方向盘，才不会有“刹车失灵”时的追悔莫及。本杰明·富兰克林说：“战而胜之的自己是英雄，战而不胜的自己是狗熊——你愿意选哪一个？”

男孩们，我们应该选择哪一个呢？是做英雄还是狗熊，其实全由我们自己决定。我们需要在战胜自我中成长，坚持自我并不被外界影响，是一种难得的能力。

哈佛精神修炼要点

一个人是在不断战胜自己的过程中成长起来的：有时需要战胜懒惰，有时需要战胜平庸，有时需要战胜挫折，有时需要战胜诱惑。

那么，如何才能战胜自我呢？

1. 要学会拒绝

面对他人的要求，你可以做出判断，问心无愧地拒绝，你有权利坚守自己的感情和需要。

2. 坚守信念

真正的战胜自我，就是无论何时都不放弃心中的信念，同时权衡利弊，做出正确的选择。

学会自我克制，成功需要投入和付出

柯奎那曾说：“自制或忍耐是理性能力的一种完善。”哈佛大学的学子们十分重视理性能力的完善，因而对自制能力的培养极为看重。他们懂得适当地忍耐和克制可以让自己时刻保持清醒，明白要有所收获必须先有所付出。

自我克制是人类社会一贯提倡的行为准则，也是一切美德的基础。如果一个人能控制自己的欲望、情绪和惰性，便可以从社会中得到更多的回报，这是一条颠扑不破的真理。

约翰逊说：“人类的主要优点在于能抵制天性的冲动。”既然拥有自制力是我们与生俱来的优点，那我们就更应该时刻提醒自己，不要轻易被欲望驱使，而要学会做欲望的主人，自我克制，征服自己。

这是一个真实的实验故事，哈佛师生人人皆知：

1960年，美国斯坦福大学心理学家瓦特·米伽尔把一些4岁左右的孩子带到一间陈设简陋的房子里，然后给他们每人发一颗非常好吃的软糖。同时米伽尔告诉他们：马上吃掉软糖的人，只能吃到一颗；20分钟后再吃的人，将会再奖励一颗软糖。也就是说，那些能够等待的小朋友总共可以吃到两颗软糖。

之后，米伽尔和研究人员便离开了屋子，他们要观察孩子们的行为，以见证自己的假设。果然有些孩子急不可待，经受不住诱惑，等研究人员一走，就马上把软糖吃掉了。有些孩子则能耐心等待，暂时不吃软糖。他们为了使自己耐住性子，或闭上眼睛不看软糖，或头枕双臂自言自语……结果，这些等待了20分钟的孩子如愿吃到了两颗软糖，而那些已经吞掉软糖的孩子只能眼巴巴地看着那些可口的软糖。

实验之后，研究者进行了长达14年的追踪。他们继续跟踪研究参加这个实验的孩子们，一直到他们高中毕业。

跟踪研究的结果显示：那些能等待并最后吃到两颗软糖的孩子，在青少年时期，仍能等待机遇而不急于求成，他们具有一种为了更大更远的目标而暂时牺牲眼前利益的能力，即自控能力；而那些急不可待只吃到一颗软糖的孩子，在青少年时期，则表现得比较固执、虚荣或优柔寡断，当欲望产生的时候，无法控制自己，一定要马上满足欲望，否则就无法静下心来继续做后面的事情。

从上述的“糖果实验”中，我们可以知道，能等待的那些孩子的成功概率远远高于那些不能等待的孩子。很明显，推迟享乐的人更容易成功，这一点十分符合现实——成功是需要投入和付出的。

因为付出了“自我克制”和“忍耐”，所以才收获了“自制力提高”，在今后的道路上也才走得更远。

男孩们，学会自我克制是对我们自制力的一种考验，谁能通过它的考验，谁就能比其他人更快地成长起来，并收获人生的成功。

哈佛精神修炼要点

现在的家长在对孩子越来越溺爱的同时，也一步步削弱了孩子的自制力，因此，增加孩子的“等待”时间愈加重要。

1. 摆脱“有求必应”的心态

现在的孩子基本上都是独生子女，做父母的常常有求必应，对孩子百依百顺，父母成了孩子的“愿望满足器”，孩子头脑里也逐渐形成了一种思维定式——我想要什么都可以得到，任何东西孩子都不愿通过自己的努力或等待来获得。长此以往，自制力一定会越来越差。

2. 多多行动，学会用劳动换取想要的东西

没有付出就没有收获，你必须从小就学会劳动，譬如扫地、洗菜、做饭等，通过这些劳动来换取自己想要的东西。

精英养成语录

能约束自己的人，最有威信。

——塞涅卡

控制自己的情绪，做情绪的主人

大仲马曾经说过：“你要控制自己的情绪，否则你的情绪便控制了你。”哈佛大学的学子告诉我们：排解心中的不快，让不良的情绪尽快远离，使自己开心、快乐起来，是幸福人生的必修课。

我们无法改变天气，却可以改变心情；我们无法控制别人，但可以控制自己。情绪也是一样，我们无法改变外在事实，却可以控制自己的情绪。

在生活中，我们会发现，那些所谓的成功者通常懂得如何控制自己的情绪，而失败者却通常被自己的情绪控制。其实，所谓成功的人，就是那些突破自己的心理障碍最多的人，因为每个人或多或少都会有各式各样、大大小小的心理障碍，如果我们跨过去了，便是成功。

很多时候，我们不知道，情绪是可以被欺骗的。这并不是恶作剧，而只是针对自身的“善意的谎言”。也许你并不相信，但哈佛大学的教授可以举出多项研究调查的案例，来表明人们是可以通过假装来调适情绪的。

美国心理学家霍特举过一个例子：

有一天，弗雷德感到意志消沉。他通常应对情绪低落的办法是避不见人，直到这种情绪消散为止。但这天他要和上司开一个重要会议，所以他决定装出一副快乐的样子。他在会议上笑容可掬、谈笑风生，装成心情愉快而又和蔼可亲的样子。令他惊奇的是，不久他发现自己果真不再抑郁不振了。

多年来，心理学家都认为，除非人们能改变自己的情绪，否则通常不会改变行为。我们常常逗眼泪汪汪的孩子说“笑一笑呀”，结果孩子勉强地笑了笑之后，跟着就真的开心起来了。这就是情绪改变导致了行为改变。

心理学家艾克曼的最新实验表明：一个人老是想象自己进入某种情境、感受某种情绪，结果这种情绪十之八九真的会到来。一个故意装作愤怒的实验者，由于“角色”的影响，他的心率和体温会上升。这个新发现可以帮助我们有效地摆脱坏心情，其办法就是“心临美境”。例如，一个人在烦恼的时候，可以多回忆愉快的事情，还可以用微笑来激励自己。当然，笑要真笑，要尽量多想快乐的事情。高声朗读也有帮助，只是读书时要有表情，且要选择能振奋精神而非使人忧郁之作。一项心理研究显示：心情烦恼的病人带着表情高声朗读后，他们的情绪会大为改善。

“假装”快乐，我们就会真的快乐；“假装”幸福，我们就会真的幸福。原来情绪的调控是如此简单，它的关键点在于，我们选择怎样的心态——是消极的还是积极的。

所以，男孩们，当遇到不愉快的事情时，我们需要放宽心胸，多从好的方面去看待问题。成就大事的人，常常需要有超常的承受力、忍耐力，小不忍则乱大谋，越是受到委屈时，我们越需要冷静、理智，控制自己的情绪阀门。这样，我们才能从容地克服每个困难，走向成功。

哈佛精神修炼要点

面对消极情绪，我们要学会主动控制。情绪的表达要控制在一定的程度和范围内，否则身心健康就会受到情绪的影响。下面介绍几种行之有效的调节消极情绪、保持乐观心态的方法：

1. 转移注意力

就是把注意力从引起不良情绪的事情转移到其他事情上，这适用于比较容易排解的情绪。

（1）积极寻找感兴趣的事情去做

通过游戏、打球、下棋、听音乐、看电影、读报纸等正当而有意义的活动，使自己从消极情绪中解脱出来。另外，还可以回忆高兴、幸福的事，使消极情绪转移到积极情绪上来。

（2）换个环境

当自己情绪不佳时，到室外走一走，到风景优美的环境中玩一玩，会使人精神振奋，忘却烦恼。即便不走出去，改变一下自己所处的环境，如收拾一下宿舍、改变一下房间的布局、点缀一些花草，都不失为转移注意力的一种好办法。

2. 自我暗示

我们可以利用语言的暗示作用来对不良情绪进行调控。当你意识到自己发怒时，可以反复地暗示自己“不要发怒，发怒有害无益”；当你陷入忧愁时，可以暗示自己“忧愁没有用，无济于事，还是振作起来吧”。

3. 换位思考

就是打破思维定式，站在别人的角度上思考问题。这样，你就会体会到别人的心态与思想，就会增加相互间的理解与沟通，防止一些不良情绪的产生。

人生需要适当的等待

哈佛大学的教授说："人生就是一个等待的过程。"而在这个过程中，没有一蹴而就的成功，也没有信手拈来的幸福。所有的东西都要我们付出艰辛去追求，用汗水去培育，付出耐心去等待。如果你现在能够耐得住漫长的等待，将来必定可以耐得住奋斗的寂寞。

学会等待，不是让我们坐以待毙，也不是消极厌世，而是告诫我们凡事要遵守其必然的发展规律。等待的过程是一种韬光养晦和把握有利时机的过程，需要我们耐得住寂寞与诱惑，顶得住压力和嘲讽。

小耳朵小的时候，一直都是家里的中心，是家里独一无二的宝贝。她的呼唤也好，发问也好，都需要一家人放下手头的事情，在第一时间解决。家长们都自然地认为孩子太小，没有那么强的判断力，安全感是第一位的，等待会给她带来巨大的不安，因此，小耳朵从来不知道等待是什么，她讨厌等待，讨厌排队。

但是，如果一直维持这样的做法，孩子无疑会错以为自己就是世界的中心。随着小耳朵一天天长大，要求也越来越多，家里人忙得团团转也无法满足小耳朵随机冒出的要求。这显然是不行的，小耳朵需要成长和适应，全家人都要改变。

一次吃晚饭的时候，爸爸和爷爷说话，小耳朵也有话要说，就插了进来。爸爸没理她，于是她开始着急并埋怨爸爸。爸爸暂停了和爷爷的话题，转头对小耳朵说："孩子，你现在长大了，需要知道一件事：先来后到。我和爷爷正在说话，你有什么事情，等我和爷爷说完了，你再说。这是一种礼貌的行为，OK？"

不知道小耳朵是否真正明白了，她沉默着没有说什么。等爸爸和爷爷说完，小耳朵说："现在该我了吧？"爸爸点点头，小耳朵开始说话。

这个小插曲的处理结果，似乎是很圆满的，后来大家基本上都遵守约定，先到的先说，后来的就等待。当然爸爸也严格遵守了这一点，小耳朵先说了，爸爸就照样靠后，谁也没有优先权。中间小耳朵偶有反复，家人就拿严格遵守顺序的话来提醒她，尽管她会不高兴。

这样久了，小耳朵逐渐有了等待的意识。慢慢地，爸爸发现小耳朵学会了为他人着想，在提出要求前总会看看别人是否有时间和精力。

等待是难受的，但小耳朵却做到了。她有了等待的意识，并学会了为他人着想，从他人的角度来想问题。人生需要适当的等待，有时我们可能迫切渴望得到某个东西，却常常忍受不住等待的煎熬，从而焦躁烦闷，很多负面的情绪也接踵而来。这个时候，大概便是考验我们自制力的时候了。

一个懂得等待的男孩是有礼貌的，更是智慧的。我们应该养成等待的好习惯，要有做第一个的勇气，更要有做最后一个的自制力。

哈佛精神修炼要点

等待漫长而枯燥，这个过程往往是最能看出一个人品性的过程。养成等待的好习惯，它将成为你未来的成功资本。对于等待，我们也应该积极地去看待：

1. 等待让我们学会珍惜

等待使我们觉得期盼而来的东西是多么来之不易，使我们更加珍惜因等待而得来的结果，从而更加珍爱生活，珍惜缘分，珍视生命。

2. 等待可以滋养我们的心性

能在等待中平静下来，不仅是一种毅力、信念，还是一种超脱、升华。这表明你已经摒弃了浮躁心理，获得了一颗平常心。

3. 善于等待的人，机遇常常光临

正所谓“水到渠成，瓜熟蒂落”，一旦时机成熟了，一切就会自然降临。养成等待的好习惯，将来才能更好地把握机遇。

精英养成要点 7

◆ 我们要学会简化自己的人生，要经常地有所放弃，把自己生活中和内心里的一些东西断然舍弃掉。

◆ 如果我们太在意别人的看法，就不能做真正的自己，更不可能展现真实的自我，发掘自己潜藏的能力。

◆ 只要去除心中的杂念，清澈自然的心灵就会出现，我们也更能看清自己的追求，达至人生的圆满境界。

◆ 一个人若是能战胜自己的欲望，就能赢得整个世界。

◆ 成就大事的人，常常需要有超常的承受力、忍耐力，小不忍则乱大谋，越是受到委屈时，我们越需要冷静、理智，控制自己的情绪阀门。

PART

8

哈佛抗挫力

让男孩成长为坚强积极的男人

妄想人生一帆风顺，这是不切实际的想法。哈佛会告诉你，只有不畏挫折，站起来的次数永远比倒下去的次数多一次，你才能成为男子汉。面对每一次失败和挫折，你需要做的，就是始终保持一颗永不言弃的心。

如果你轻言放弃，幸运便对你关上了门

伟大的发明家爱迪生说："我们最大的弱点在于放弃。成功的必然之路就是不断地重来一次。"哈佛大学的学子们从不轻言放弃，因为他们知道，如果你轻言放弃，幸运之门便会关上。一个人只要坚持不懈地追求，就一定能实现目标。

约翰生说："成大事不在于力量的大小，而在于能坚持多久。"在通往成功的道路上，必然会充满艰辛，我们可以选择迎难而上，也可以选择临阵退缩。每一种选择都有足够的理由去支持。但是，如果我们不轻言放弃，勇敢地面对困难和挫折，那么即便我们最后没有获得成功，也会给自己的人生留下一笔宝贵的财富。

有一则故事曾在世界各地的淘金者中广为传诵。这个故事有着一个极其动听的名字，叫作"黄金距离你三英寸"，很多哈佛大学的学子都听说过，并将主人公视为自己的偶像：

几十年前，家住马里兰州的达比和他叔叔一起到遥远的美国西部去淘金。他们手握鹤嘴镐和铁锹不停地挖掘，几个星期后，终于惊喜地发现了金灿灿的矿石。于是，他们悄悄将矿井掩盖起来，回到家乡威廉堡，筹集大笔资金购买采矿设备。

不久，他们的淘金事业便如火如荼地开始了。当采掘的首批矿石运往冶炼厂时，专家们断定，他们遇到的可能是美国西部罗拉地区藏量最大的金矿之一。达比仅仅用了几车矿石，便将所有的投资全部收回。

让达比万万没有料到的是，正当他们的希望越来越大的时候，奇怪的事发生了：金矿的矿脉突然消失！尽管他们继续拼命地钻探，试图重新找到金矿石，但一切终归徒劳，好像上帝有意要和达比开一个巨大的玩笑，让他的美梦成为泡影。万般无奈之际，他们不得不忍痛放弃了几乎要使他们成为新一代富豪的矿井。

接着，他们将全套机器设备卖给了当地一个收购废旧品的商人，带着满腹遗憾回到了家乡威廉堡。

就在他们离开后的几天里，收废品的商人突发奇想，决计去那口废弃的矿井碰碰运气，为此，他还专门请来一名采矿工程师。只做了一番简单的测算，工程师便指出，前一轮工程失败的原因，是由于业主不熟悉金矿的断层线。考察结果表明，更大的矿脉距离达比停止钻探的地方只有3英寸！

故事的结果是，达比终其一生只是一名收入仅够养家的小农场主，而这位从事废品收购的小商人最终成为西部巨富。

在这个故事中，前者的遭遇是一种命运，后者的遭遇也是一种命运。面对同一个机遇，却有两种截然不同的命运——面对“失败”和“不可能”，一个轻易放弃了，而另一个却敢于去尝试一次。

迈克尔·乔丹说："我可以接受失败，但我不能接受放弃。"一位哲人也说："如果在胜利前却步，往往只会拥抱失败；如果在困难时坚持，常常会获得新的成功。"对正处在成长路上的男孩来说，无论如何，我们都不要轻言放弃，因为只有坚持，才能实现自己的梦想。

哈佛精神修炼要点

面对挫折，有人轻言放弃，与机遇失之交臂；有人决不认输，通过再一次努力发现了另一扇窗。这之间的区别，其实是能否正确看待挫折的问题。那么，就让我们做一个能承受失败和挫折的人吧！

1. 做任何事都要做到十分努力

做任何事都要尽十分努力，因为成功可能就在下一次努力之后。也许你的努力还没有取得成效，但请不要气馁，不要轻易放弃，也许只是因为你的努力还不够。

2. 开动脑筋，保持冷静

很多时候，你之所以草草放弃，是因为被挫折打败、被失望笼罩，因而忘了告诉自己"静一静，想一想，再重新试一试"。成功需要努力，同样需要冷静的头脑。

是积极还是消极，全由你自己决定

“积极向上的心态是成功最基本的要素。”哈佛大学的学子明白，在这个世上，根本没有命运这一说。你的人生是你的，由你自己来决定。面对挫折，做个积极主动的人，还是做个消极被动的人，全由我们自己来决定。前者让我们成为自己的主人，后者让我们成为别人的奴隶。积极地去创造一切，你的人生才能得高分。

在人的本性中有一种倾向：我们把自己想象成什么样子，就真的会成为什么样子。怀有积极心态，就能使人从一个懦夫成为英雄，从意志薄弱变得意志坚强。

事实上，一个心态积极的人并不否认消极因素的存在，而只是学会了不让自己沉溺其中，即使身陷困境，也能以愉悦的态度来面对。

初冬的清晨，在第五大街冷冷的晨雾中，威尔逊先生遇到了一个乞讨的盲人。他从未见过这个盲人，但盲人凄苦的声音深深打动了他。出于同情，威尔逊先生给了盲人一百美元的钞票。正要离开时，盲人冰冷的手握住了他的手，威尔逊先生不由得打了一个激灵。当他想要放开盲人的手时，盲人却说话了：“您知道吗，我生来并不是瞎子，今天的痛苦，都是23年前希尔顿工厂那次爆炸造的孽！”

威尔逊先生的心猛地抽搐了一下，欲言又止。盲人接着诅咒道：“都是因为那个大个子！当时，我好不容易到了门口，可是逃命的人挤在了一起，我出不去。这时候，我身后的大个子喊道：‘我不想死，我还年轻，让我先出去！’他把我推倒，踩着我的身体逃出了工厂。而我则在醒来后发现自己成了瞎子！”盲人颤抖着，显然是对那个逃走的人恨之入骨，听了的人也会不由得产生愤恨之情。

“你说反了吧，先生！当时恐怕不是这样的吧！”威尔逊先生的语气比清晨的雾气还让人觉得寒冷。威尔逊停住刚要迈开的脚步，23年前的恐怖记忆瞬间涌入他的脑海。

盲人猛地一惊！他的故事从来没有被人反驳过。

威尔逊先生一字一句地说：“我就是那个被你推倒的工人，是你踩着我的身体逃出火场的。我永远都不会忘记你的那句话。”

盲人紧紧地攥着威尔逊先生的双手，声嘶力竭地喊道：“我逃了出来，却成了瞎子；你倒在里面，却成了富翁！为什么命运这么不公平？为什么啊？”

“拜你所赐，我也成了瞎子！”威尔逊先生用力推开盲人，摸了摸手中精致的手杖，“但与你不同：我不相信命运！我们的手上同样都有选择结局的权利，你的懒惰和自私让你成了乞丐，而我的努力、勤奋造就了现在的我！你可明白？”

威尔逊神色凝重，用手杖探着路慢慢地走了，只留下乞丐喃喃自语。

一个成了富翁，一个却成了乞丐，这是两个人遭到同样不幸后的不同人生走向。究其原因，是他们在面对挫折的态度上有所不同：一个消极对抗，懒惰而自私；一个积极向上，勤奋而努力。

你选择了什么，你就成了什么。每一个男孩都需要树立这样的正确观念：成功是由那些怀有积极心态的人所取得的，并由那些以积极的心态努力不懈的人所保持。

哈佛精神修炼要点

跌倒了就自己爬起来。当你跌倒时，不要等着别人来拉你，你先要自己站起来。不要为目前失败的处境寻找借口，应该立刻行动起来。很多时候，你都能够依靠自己站起来，只是没有去站而已。

1. 勇于付出

许多富翁之所以能成为富翁，是因为他们付出了辛劳；许多乞丐之所以会成为乞丐，是因为他们喜欢坐享其成。所以，你一定要懂得：只有付出，才有可能成功。

2. 相信自己

救苦救难的救世主在哪里？面对命运的不济，很多时候，其实救世主就在我们身边，他或许是一次机会，或许是别人，再或许就是我们自己。

3. 正确认识自己的价值

正确地认识自己的价值，是成功者必备的一项能力。而在实际生活中，我们往往会过低或过高地评判自己的价值。对自己有一个客观的了解，是正确评判自身价值的前提，只有这样我们才能够实现自己的价值。

只要心存希望，命运就不会亏待你

“生活于绝望之中而没有希望，是人生最大的悲哀。”但丁的这句名言常常在哈佛大学校园里被提起。无论何时，无论遭遇什么困难，哈佛大学的学子们都不会盲目地悲观绝望，而是时刻心存希望，因为他们相信：只要心存希望，就一定会有转机。

心存希望，就有转机。希望就是力量，不放弃就可迎来希望。永不言弃，生命的意义才会彰显。

很多时候，在面对突如其来的巨大变故时，因为绝望和胆怯，我们过早就放弃了对生活的希望，最后迎来的只有无尽的痛苦。其实，只要心存希望，永不放弃，命运就不会亏待你。

1989年，美国洛杉矶一带发生了一场大地震，在短短的4分钟内，30万人受到了伤害。

一个年轻的犹太父亲在混乱中把自己受伤的妻子安顿好后，便冲向他7岁的儿子上学的学校。在他眼前，昔日漂亮的教学楼已经变成了一片废墟。

他顿时感到双腿疲软无力，大喊：“阿曼达，我的儿子！”他控制不住自己的感情，跪在地上大哭了一阵。他猛地想起自己常对儿子说的一句话：“无论发生什么，我总会跟你在一起！”他止住悲伤，坚定地站起身，向那片废墟走去。

他知道儿子的教室在教学楼的一层左后角处。他快步如飞地跑到那里，开始着手营救自己的儿子。

在他清理和挖掘时，不断地有孩子的父母急匆匆地赶来，看到这片废墟，他们痛哭并大喊：“我的儿子！”“我的女儿！”哭喊过后，他们就绝望地离开了。有些人上来拉住这位父亲说：“太晚了，他们已经死了。”

“谁愿意来帮助我？”这位父亲用一双乞求的眼睛看着大家，问道。但没人给他肯定的回答，他便一声不响地埋头继续挖。

救火队长拦住他：“太危险了，这里随时可能发生爆炸。请你离开。”

“你是不是来帮助我的？”

“发生了这样不幸的事，你很难过，我们可以理解，但这样既不利于你自己，对他人也有危险，你还是赶快回家吧！”

“你是不是来帮助我的？”这位父亲仍然这样问。

人们都摇头叹息着走开了，都认为这位父亲由于过度悲痛而精神失常了。

而这位父亲心中却只有一个念头：儿子在等着我。

他坚持不懈地挖呀挖，挖了10小时、16小时、24小时、36小时，没人再来阻止他。他脸上沾满了灰尘，浑身上下破烂不堪，到处是血迹。到第38小时，他突然听见底下传出孩子的声音：“爸爸，是你吗？”

是儿子的声音！父亲兴奋地大喊：“阿曼达！我的儿子！”

“爸爸，真的是你吗？”

“是我，是爸爸！我的儿子，爸爸终于看见你了！”

“爸爸，看见你真是好高兴啊！我告诉同学们不要害怕，说我爸爸一定会来救我的，到那时，大家都会安全地出去。”

“你现在怎么样？有几个孩子活着？”

“我们这里有14个同学，都活着。我们都在教室的墙角，侥幸没被砸着。”

父亲大声向四周呼喊：“快来人啊，这里有14个孩子，都活着！”

过路的几个人赶紧上前来帮忙。

50分钟后，大家开辟出一个安全的小出口来。

父亲激动地说：“阿曼达，出来吧！”

“不，爸爸，先让别的同学出去吧！我知道你会跟我在一起，我不怕。不论发生了什么，我知道你总会跟我在一起。”儿子一脸幸福而又坚定地说。

在经过这场巨大灾难后，这对了不起的父子幸福地紧紧拥抱在一起。

如果故事中的爸爸在出事后一味地悲观绝望，不坚持挖下去，那么他的儿子就会被永远地掩埋在废墟之下，成为他心头永远的痛。由此可见，凡事心存希望是多么重要。

罗素说：“希望是坚韧的拐杖，忍耐是旅行袋，携带它们，人就可以踏上永恒之旅。”我们应该明白，悲观绝望是挫折最好的帮凶，它只会将我们推入深不见底的深渊，唯有心存希望，才能让我们看到黎明的曙光。所以，每一个男孩子都应该培养自己的抗挫能力，心存希望，保持乐观。

哈佛精神修炼要点

人生没有绝对的绝境，失去什么也不能失去希望，因为希望是你人生的一扇窗，打开它，便是阳光满满。

1. 生命不止，希望不息

人生没有迈不过去的坎，心中充满希望，就能以坦然的心态看待挫折和打击，就能在困难中看到光明，在逆境中找到出路。当你困惑时，当你身处逆境时，要不停地跟自己说：只要希望不灭，就一定能摆脱现状！在恶劣的情形中，只要专注于寻找出路，并相信自己必可逃出这个困局，你就会摸索到机会，将危机化为转机。

2. 心中永远充满阳光

如果你用微笑来面对不幸，用奋起来面对打击，用坚强来面对挫折，那么你就会充满希望，振作起来。因为心中有阳光，黑夜来临时我们就不会害怕，阳光会照亮我们前行的路；暴风雨侵袭时我们就不会躲避，阳光会为我们的理想撑起一方晴空；困难和挫折降临时我们就不会沮丧，阳光会给我们一往无前的动力，推动我们去改变现状。

别让环境左右你的心境

贺拉斯说：“以勇敢的胸膛面对逆境。”哈佛大学的学子们明白，逆境是人生必经的一段旅程，想要收获人生终点的美丽，必须战胜逆境，克服心中的胆怯。很多时候，逆境并没有想象中那么可怕，阻止我们前行的只是周围的环境。所以，别让环境左右自己的心境，不要因为恐惧轻易地让自己缴械投降、低头认输。

黑格尔说：“只有永远躺在泥坑里的人，才不会再掉进坑里。”在现实生活中，大多数人都是早早地躺在泥坑里，却还要说“自己不用忍受掉进泥坑的肮脏”，自欺欺人。面对逆境，如果我们不跨过去，它就永远会在那儿，永远不会消失。一个抗挫能力强的人，应该有直面挫折的勇气，这是最基本的要求，也是最重要的一个环节。

那些历经沧桑的人都会问自己一个问题：是世界改变了我，还是我改变了世界？这个问题如此地困扰着人们，说明环境对一个人的影响是不可忽视的。但人类的一个独特之处在于独立的思维能力，即人们能够对身边的环境做出评估，并有试图改变的欲望。因此，人们生存于环境中，却不一定被环境吞噬。

曾有一位心理学家做了一个实验，这个实验可以很好地反映出环境对人的影响：

他选择了10个实验对象，并让这10个人穿过一间黑暗的房子。在他的引导下，这10个人都成功地穿了过去。这似乎是个非常简单的实验，简单得让大家无从猜测心理学家的用意。

然后，心理学家打开房内的一盏灯。在昏暗的灯光下，这些人看清了房子内的一切，都惊出一身冷汗。这间房子是一个大水池，水池里有十几条大鳄鱼，水池上方搭着一座窄窄的小木桥。刚才，他们就是从这座小木桥上走过去的。这么惊险的环境会让任何一个人胆战心惊。

心理学家看着这10个实验对象，问："现在，你们当中有谁愿意再次穿过这间房子呢？"没有人回答。大家都不敢直视那个充满危险的水池。过了很久，有3个胆大的人站了出来。

第一个人小心翼翼地走了过去，速度比第一次慢了许多；第二个人颤颤巍巍地踏上小木桥，走到一半时，竟只能趴在小桥上爬了过去；第三个人刚走几步就一下子趴下了，脸色苍白，再也不敢向前移动半步。

这时，心理学家又打开房内的另外9盏灯，灯光把房间照得如同白昼。这时，人们看见小木桥下方装有一张安全网，由于网线颜色极浅，所以他们刚才没有看见。

"现在，谁愿意通过这座小木桥呢？"心理学家问道。这次又有5个人站了出来。

"你们为什么不愿意呢？"心理学家问剩下的两个人。

"这张安全网牢固吗？"那两个人异口同声地反问。

面对危险的环境，这两个人已经被恐惧打败了！

让人产生恐惧的原因，一是环境的险恶，二是对自身能力的不信任。如果环境只是看起来险恶，那恐惧又是从何而来？惧由心生。对自己的不信任是一部分原因，更重要的是个人的抗挫能力不强。

男孩们，我们应该明白这样一个事实：有时候，外部环境并没有我们看上去的那么险恶。我们为何不试一试？说不定一脚下去，我们并不会掉下去，而是脚踏着一张还算安全的“网”。

哈佛精神修炼要点

对自己缺乏信心的人，外界的环境便可以左右他的心境，让他不敢继续前行。其实，有些环境就如纸老虎，只是看起来可怕罢了。既然如此，我们应该如何克服心中的恐惧，不被环境吓跑呢？

1. 修炼一颗强大的内心

环境是不变的，它毕竟是外因，真正让你乱了方寸的，寻根究底还是自己的内心不够强大。

2. 积极主动，不受制于环境

积极主动是人类的天性，如果你没有选择积极主动，就说明你在有意无意地选择消极被动。消极被动的人易被自然环境和社会环境左右，秋高气爽时兴高采烈，阴云密布时无精打采；受到赞扬时意气风发，听到批评时心灰意冷。而积极主动的人，心中自有一片天地，天气的变化和别人的干扰不会对他们产生任何影响，他们自身的原则、价值观才是最关键的。

奋斗无止境，你要不断攀登

在这个世界上，从来没有最好，只有更好。你以为自己已经到达了终点，其实它只是另一个起点而已。哈佛大学的教授告诉我们："人生的意义在于奋斗，而奋斗永无止境。"狂妄自大的人犹如井底之蛙，目光短浅，看不到头顶无边无际的蓝天。我们要想攀得更高、看得更远，就要有不停奋斗、接受磨难的勇气。

卡莱尔说过："停止奋斗，生命也就停止了。"生命是一个不断奋斗的过程、一个不断战胜挫折的过程，也是一个不断成长的过程。奋斗是无止境的，高处的风景越来越美丽。一个有事业心的男人应该有不断接受命运挑战的勇气，有不肯认输的决心。

罗曼·罗兰说："怯弱的人，必然在苦难之下被淘汰，只有坚强的人才会走完自己想走的路。"的确，成功总是属于那些艰苦奋斗、直面挫折的人，而怯懦的人往往都半途而废，与成功失之交臂。

下午2点，武术学校一片肃穆，所有学员和教职工都集中在操场上。今天要举行黑带授予仪式，这是每一个学员梦寐以求的一天，也是武术学校最重要的一天。

一位武术高手跪在武学宗师的面前，接受得来不易的黑带。这个徒弟经过多年的严格训练，终于出人头地了。台下人头攒动，大家都羡慕地看着这位高手，却没有一个人说话。

“在授予你黑带之前，你必须接受一个考验。”武学宗师说。这是最基本的环节，只是每年宗师的问题都不一样。这是高手们领到黑带前的最后一关。

“我准备好了。”徒弟答道。他以为可能是最后一个回合的练拳，这是他最擅长的项目。

“你必须回答最基本的问题：黑带的真正含义是什么？”宗师并没有像预料的那样要求他练拳，这让高手有点意外，但他还是很快让自己镇定了下来。

“是我习武的结束。”徒弟答道，“是我辛苦练功应该得到的奖励。”高手得意扬扬地说完了这番话，他认为这次考验很简单。

但武学宗师好长时间没有说话，似乎等待着他再说些什么，显然他不满意徒弟的回答。最后他开口了：“你还没有到拿黑带的时候，一年以后再来。”

徒弟愣在原地，他自认为是学校最优秀的弟子，却在最后关头丢了黑带，而且在众目睽睽之下被师父拒绝。徒弟有点愤恨，他觉得师父耍弄了他。

一年以后，徒弟再度跪在宗师的面前，师父又问：“黑带的真正含义是什么？”

“是本门武学中最杰出和最高荣誉的象征。”徒弟说。武学宗师等啊等，过了好几分钟，徒弟还是没有再说什么。最后宗师还是不满意地说："你仍然没有到拿黑带的时候，一年以后再来。"

又过了一年，徒弟又跪在宗师的面前，师父再问："黑带的真正含义是什么？"

"黑带代表开始——代表无休止的磨炼、奋斗和追求更高标准的里程的起点。"

"好，你已经可以接受黑带，开始奋斗了。"

谁不想自己的未来一片灿烂？想要成功就要奋斗。只有艰苦奋斗，我们的生命才会开花，才会结果；如果没有了奋斗，我们的生活就会变成一棵没有叶子的枯树，死气沉沉。

奋斗是无止境的，我们现在所取得的每一次成功都是通往高峰路上的小插曲。不要被高峰的陡峭吓倒，一个真正的男子汉应该有不断攀登的勇气。

哈佛精神修炼要点

也许人生的奋斗永无止境，也许成功的机会微乎其微，但只要我们心中不曾放弃拼搏进取的信念，就一定能完成一份完美的答卷。

1. 不骄不躁

摆正自己的心态，不妄自菲薄，也不能狂妄自大。时刻保持一颗谦逊之心，看淡荣辱，保持奋斗的姿态。

2. 养成自我反省的好习惯

经常自我反省的人才能不断找出自己身上的缺点和不足之处，进而努力改正和完善，使自己越来越优秀，越来越靠近成功。

做任何事都应该竭尽全力

哈佛大学的学子爱默生曾说过这样一句话：“男子汉的责任就是竭尽全力去做能够做到的事。”作为一名男子汉，对待任何事都应该竭尽全力，不要只出五分力，更不要半途而废。

做任何事都不可能一帆风顺，总会遇到这样或那样的困难。这些困难好比一座座山峰，如果我们不全力以赴地攀登，就只能在山脚下哭泣。只要我们保持满腔热情，全身心地投入到学习、工作中，那么就不会有跨不过去的高山。

爱迪生说：“我不认为我是天才，我只是竭尽全力去做而已。”在这个世界上，根本没有什么天才，很多人之所以能成功，只是因为他们可以竭尽全力去付出，对每一件事都负责到底、不肯认输而已。

一位哈佛大学的教授曾经讲过海曼·里科弗将军和詹姆斯·厄尔·卡特的一则小故事：

某青年海军军官走进海曼·里科弗将军的办公室，将军接见了他。这是青年军官首次见到将军，他满脸通红，紧张极了。刚刚走进办公室，军官都无法直视将军的眼睛。还好，里科弗将军平易近人，不变的微笑让青年军官镇定了不少。

坐定之后，将军请他挑选任何他所希望讨论的话题进行谈话，青年军官选择了时事、音乐、文学、海军战术、电子学等。他自认为是个博学多才的人，面对这些话题他总能侃侃而谈，青年军官的眼神里放出自信的光彩。

在整个谈话过程中，将军一直在注视着青年军官的眼睛，并不断地问这问那。当青年军官被问得瞠目结舌时，将军微微一笑。顿时，青年军官明白了将军的用意——自己挑选的这些自以为很了解的话题，实际上自己知之甚少，更何况其他呢？

正当青年军官为自己的无知感到羞愧时，将军又问道：“你在海军学院的学习成绩怎样？”

“在820人的年级中，我名列第59名。”这个问题让青年军官稍稍放松了一点。诚然，这个成绩还算是不错的，但是由于有刚才的教训，他的语调和表情依然很谨慎。

“哦，那你竭尽全力了吗？”将军微笑着反问道。

“没有。”青年军官摇摇头回答道。显然，他希望通过这个回答透露给对方两个信息：一是自己很谦虚，二是自己还有更大的发展空间。

谁知将军根本不买账，说：“哦，那你为什么不竭尽全力呢？”

立时，青年军官窘得无话可说了。是啊，自己为什么不竭尽全力呢？之后，他便沉默着退出了里科弗将军的办公室。

在此后的几十年中，青年军官一直把老将军的那句话当成自己的座右铭，无论做什么事，他都会“竭尽全力”。凭着这种精神，数年之后，他成了美国的第39任总统，他的名字叫作詹姆斯·厄尔·卡特。

“竭尽全力”与“敷衍了事”是天敌，所以一个人要想做到竭尽全力，首先就要摒弃敷衍了事的恶习。每做一件事时，不妨问自己一句：我竭尽全力了吗？为什么不竭尽全力？

男孩们，我们千万要记住，没有哪个人的成功是一蹴而就的，谁倾注的心血多，谁就能看到命运女神对他的微笑。如果我们敷衍人生，人生也会敷衍我们。当我们习惯了应付与推卸责任后，我们的一生也就毁掉了。

哈佛精神修炼要点

罗斯福曾说：“人生好比橄榄球比赛，关键原则就是奋力冲向底线。”如果你不希望自己的人生是没有意义的人生，是被浪费的人生，那么请竭尽全力地做好每一件事情，并谨记以下几点：

1. 尽量一次只做一件事

尽量一次只做一件事，因为事情太多可能会让你顾此失彼，难以理出头绪。

2. 制订详细的计划

尽量考虑各种可能遇到的问题，这样才能避免遇到困难时情绪消极，无法自拔。

3. 要能够经受住考验

在遇到困难时积极寻找解决方案，咬紧牙关度过最艰难的阶段，永远积极乐观地等待希望之火重燃的时刻。

每一次跌倒，都孕育着一次新的爬起

克劳福德说：“从哪里跌倒，就从哪里爬起来。”这句话曾让无数身处逆境的人有了前行的勇气和希望，哈佛大学的学子们同样备受鼓舞。跌倒并不可怕，可怕的是再也不会爬起来，没有继续向前的勇气。

哈萨克族流传着这样一句名言：“从跌跤中学会走路。”其中所蕴含的人生哲理深刻无比。正如小孩只有经过跌倒再跌倒，才能逐渐长大一样，一个人如果没有经过跌倒，绝不可能学会走路，而每一次跌倒，都孕育着一次新的爬起。

丹尼尔·卢迪是一位擅长鼓动人们的演说家，也是一位知名的橄榄球运动员。后来，卢迪成为人们爱慕的明星，他自信、风趣、幽默。然而，卢迪的成长之路并非一帆风顺，儿时的他曾因被人嘲笑体育梦想而消沉不已。

卢迪在伊利诺伊州乔列特长大，从小就耳闻圣玛丽大学的神奇传说，梦想有一天去那儿的绿茵场踢足球。但当时卢迪的体育才能并没有被人注意，只能说表现平平。大家都认为卢迪的梦想只不过是吹牛皮。朋友们对他说，你的学习成绩不够好，又不是公认的体育好手，不要异想天开了。因此，卢迪抛弃了自己的梦想，他不再梦想到球场上踢球，而是走上了一个平凡人的道路：结束成绩平平的学业，到一家发电厂当了工人。那时的卢迪早已对自己失望，一心只渴望娶妻生子，平淡地生活。

不久，一位朋友上班时死于交通事故，卢迪震撼不已。这位朋友是他儿时的玩伴，他们约定要在退休后一起钓鱼、旅游，然而一切都不可能了！那时的卢迪突然意识到人生是如此短暂，以至于你很可能没机会去追求自己的梦。儿时的梦想再次闪耀在卢迪的眼前，原来它从未离开。

1972年，卢迪在23岁时读印第安纳州圣十字初级大学。他在该校很快修够了学分，终于转入圣玛丽大学，并成为帮助校队准备比赛的“童子军队”的一员。

卢迪的梦想很快要成真了，但他未被准许在比赛中穿上球衣。翌年，在卢迪多次要求后，教练告诉他可以在该赛季的最后一场穿上球衣。在那场比赛期间，他身着球衣在圣玛丽校队的替补队员席就座。看台上的一个学生呐喊道：“我们要卢迪！”其他学生很快一起叫喊起来。在比赛结束前27秒钟时，27岁的卢迪终于被派到场上，进行最后一次拼抢。不负众望，卢迪表现出色，队员们帮助他成功地抢到了一个球。

17年后，卢迪再次回到他梦想绽放的地方——圣玛丽大学体育馆外的停车场。一个电影摄制组正在那儿，为一部有关他的生平的电影

每一次跌倒，都孕育着一次新的爬起

拍外景。

小的时候，我们会编织着各种各样美好的梦想，希望有一天美梦可以成真。但随着时间流逝，又有几人真正达成了自己的梦想，摘取了人生的桂冠呢？故事中的卢迪却做到了。他虽然跌倒了很多次，但每次跌倒后他都勇敢地站了起来。

男孩们，我们常常在生活中看到，很多人在追求梦想的过程中，因为各种各样的挫折而黯然退出，跌倒了就再也不敢爬起来继续向前。事实是，这样的人永远无法获得成功的青睐；而只有那些越挫越勇、一次次爬起来的人，才能获得最后的成功。

哈佛精神修炼要点

每个人都有梦想，有追求。希望总是美好的，过程却是残酷的。你必须经过风吹雨打，才能看见灿烂的太阳。在追求梦想的过程中，我们应该如何抵抗那些挫折呢？

1. 要耐得住寂寞

追求梦想的旅途从来都是一条孤寂之路，没有人陪伴，你得孤军奋战，战胜自己的寂寞，战胜外界的打击和嘲笑。

2. 不放弃任何一个希望

不要觉得希望小就不愿去尝试，有时候，桃源就在一个转弯之后，转弯后迎来的将是柳暗花明。

有压力才有动力，摆正对压力的态度

哈佛大学曾有一位教授讲过这样一句睿智的话："只有承受压力的重荷，喷水池才能喷射出银花朵朵。"有压力才能爆发潜能，才能创造奇迹。不要惧怕压力，我们应该学会和压力做朋友，让压力成就我们人生的辉煌。

很多人之所以做事不成功，是因为他在做一件事情之前，就想好了退路，因此，在做的过程中，一遇困难就放弃，一遇阻力就退缩，这其实是懦弱的表现。当然，这样的人是难以成就大事的。

如果我们仔细观察，就不难发现我们身边那些成功的人士，他们都有一个共同点，即遇事勇往直前，敢于断绝自己的后路。正如一位成功学家所言："一个人只有断绝自己所有可能的后路，才能够让自己无后顾之忧，无牵无挂，一门心思地去追求成功。"

恺撒在尚未掌权时，是一位出色的军事将领。有一次，他奉命率领舰队前去征服英伦诸岛。

恺撒在出发前检阅舰队时，才发现一个严重的问题：随船远征的军队人数少得可怜，而且武器配备也残破不堪，以这样的军力想征服骁勇善战的盎格鲁-撒克逊人，无异于以卵击石。但他还是决定当下就启程，航向英伦诸岛。舰队到达目的地之后，恺撒等候所有兵丁全数下船，立即命令亲信部属一把火将所有战舰烧毁。同时他召集全体战士训话，明确地告诉他们战船已经烧毁，所以大伙儿只有两条路可选择：一条是勉强应战，如果打不过勇猛的敌人，后退无路，只得被赶入海中喂鱼；另一条是不管军力、武器、补给的不足，奋勇向前，攻下该岛，则人人皆有活命的机会。

士兵们人人抱定必胜的决心，终于攻克强敌，而这次成功的战役，也为恺撒日后掌权奠定了基础。

大多数成功人士之所以成功，是因为他们能够专心地致力于自己所要达成的目标。为了达成目标，他们能舍弃一切与他们取得成功不相关的事物，眼光只锁定在自己的目标上。这种强烈的成功意志，对于一般人而言，似乎较难具备。因此，我们不妨学习恺撒大帝火烧战船断绝后路的方式，来激励自己全力以赴。

遇到困难时，你可将纷乱的思绪暂时放下，静心省思有哪些事物阻碍在通往成功的路上。当看清所有阻挡你成功的事物后，你要下定决心先除去所有的障碍物，然后再断绝所有可退之路，唯有如此，你才能够保证追求成功的愿望如同求生的本能一般迫切而强烈，这种愿望将引领你走向成功。

每个人都需要有破釜沉舟的勇气。只有破釜沉舟，才能“逼”出成功，这样的人才活得更有滋味，也更精彩。相反，那些得过且过、优柔寡断、畏畏缩缩、缺乏勇气的人，永远也享受不到成功后的喜悦。

有压力才有动力，才有可能激发自己的无限潜能，创造出我们以为不可能实现的奇迹。男孩子是未来的半边天，应该从小就培养自己面对压力的能力，并摆正对压力的态度，不要盲目惧怕和逃避。

哈佛精神修炼要点

很多时候，我们若是太幸运了，离开压力的“哺育”、悲痛的“滋养”，就会变得很浅薄，懒于思考，不知天高地厚，也不知自己的能力究竟有多大，最终只能碌碌无为。所以说，有压力才有动力，有动力才能拼死一搏，才能迎来最后的曙光。因此，我们应该摆正对压力的态度。

1. 理智地对待压力

压力能使人在思想感情上受到多方冲击，从中领悟人生的真谛，从而自觉把握人生的走向。因压力而形成的适度紧张，能增强大脑的兴奋，提高大脑的生理机能，使人思维敏捷、反应迅速。

2. 保持积极的心态

处理不好，压力便是地狱；处理得好，压力便是动力。所以，积极乐观的情绪很重要。只有保持积极的心态，压力才有可能朝着动力的方向倾斜，成为你成功的好帮手。

3. 养成直面压力的习惯

要知道，逃避永远解决不了问题。你不移山，山永远在那儿，即便是你欺骗性地蒙上自己的眼睛。压力并没有那么可怕，它就像弹簧，和你是你强它弱、你弱它强的关系。

永不气馁，绿灯总会亮起

哈佛大学一位教授说："那些失败的人，常常是因为挨不过黎明前的黑暗。"在人生的旅途中，我们会迎来光明，也会遭遇黑暗。就如十字路口的红绿灯，有时候会碰上绿灯，有时候却刚好遇上了红灯。有些人被黎明前的黑暗吓倒，有些人因为路口的红灯而掉头离去，因而错过了人生中一个个美丽的时刻。其实，只要永不气馁，生命的绿灯总会亮起。

逆境便如黎明前的黑暗。很多人被黑暗打败，被挫折俘虏，早早弃械投降，因而错过了黎明的美丽。他们不知道，黑暗过后必有光明，正如雨过便会天晴一般。

哈佛大学的教授们特别喜欢用下面这个例子来激励自己的学生，让他们相信人生的绿灯总会亮起，永远不要对生活气馁：

对于保罗来说，命运之神似乎从来就不曾眷顾他。4岁那年，保罗的父母在一次车祸中丧生，他被寄养在一个远房舅舅家。舅舅对他很刻薄，呵斥打骂是常有的事情。懂事的保罗，学习非常用功，因此成绩非常出色，最终他考上了一所名牌大学。然而保罗毕业那年，正值经济萧条时期，他辛辛苦苦找了一年的工作，却一直都没有找到。

对保罗最好的就是他的房东了，那是一位60多岁的老太太，满头白发，但仍然能看出她那份安详与高贵。每次保罗回来，她都会高兴地打开门招呼他，尽管保罗自己有钥匙可以开门。看到保罗沮丧的样子，老太太安慰道："保罗，事情没那么糟糕，一切都会好起来的。"

这让保罗很是感动，但他觉得老太太根本就不会知道他的难处。他想，如果他能像她那样，每天最重要的事就是看着马路上川流不息的各种车辆，以及熙熙攘攘的人群，他也一定会这样快乐。有一天，保罗又看到老太太出神地望着窗外，便心想：面对人来车往的马路，她到底在看什么呢？难道她有什么心事吗？因为在保罗看来，那条马路上每天都是如此，并没有什么可看的。保罗百思不得其解，他终于忍不住问老太太："您每天都在看什么呢？有什么有意思的事情吗？"

老太太笑眯眯地望着保罗，说："孩子，那马路上的红绿灯，写下的是无数行人生命的征程，怎么会没有意思呢？"

"那有什么好看的呢，不就是红绿灯吗？"保罗还是不解。

"孩子，你还不明白。这人生呀，就像那红绿灯，一会儿红，一会儿绿。红灯时呀，人就没法动了，动了就容易出交通事故；绿灯的时候呢，你就可以一路前行，通畅无阻。"老太太顿了顿，继续说道，"有时你远远看着那灯是绿的，等车子加速到了跟前，可能突然就变红了；有时远看是红的，可到了跟前就变绿了。可能有的车到每个路口都是绿灯变红灯，有的车到每个路口都是红灯变绿灯。但不管是红灯还是绿灯，它们最终都离开了这里，朝着远方驶去。你要知道，正是有了这红绿灯的变换，人生的步伐才有了快慢的调整，人生的景色才会更加五彩斑斓。所以，人不必为一次红灯而焦虑不安，更不必为一次绿灯而兴奋不已。”

房东老太太的一番话，终于让保罗恍然大悟，原来自己在人生路口上一直遇到的是红灯。但是绿灯总会亮起，远方依然在召唤着自己。

带着对老太太的感激，保罗开始了新的努力。45岁那年，保罗成功了，他成为美国最有名的计算机经销商，拥有了亿万家产。

一次，在哈佛大学演讲的时候，在如雷的掌声中，保罗没有忘记当年那位房东老太太的教诲，他平静地对大学生们说，自己只不过是遇上了人生的绿灯而已。

正如那位老太太所言：“人不必为一次红灯而焦虑不安，更不必为一次绿灯而兴奋不已。”人生，其实就是一场红绿灯交替出现的旅途，有一路通畅的顺境，也有暂时休憩的逆境，这一切再正常不过了。

男孩们，面对人生的红灯，我们需要的是面对的勇气，而不是逃避的颓废。要知道，黑暗过后太阳总会升起，只要有勇气，我们总会看到指缝间灿烂的阳光。

哈佛精神修炼要点

20岁的史铁生绝对想不到，他会在最灿烂的年华痛失双腿，无力地坐在轮椅上。但他用勇气去面对上天与他开的这个玩笑，最终成为一位著名的作家。既然战胜困境需要勇气，那么我们又该如何做呢？

1. 端正人生态度

要明白，逆境是人生必经的一段旅途，是我们必须接受的一个考验。优秀的男孩要有勇于面对困难的强大内心，躲避困难永远无法解决问题。因为不论面对还是不面对，它仍然在那儿，一分未减。

2. 将眼光放长远

很多人之所以不敢面对困境，只是因为看不到远处的灿烂阳光，不知道红灯之后必是绿灯。如果没有勇气静候红灯，又怎会迎来畅通的绿灯呢？

精英养成语录

在逆境里比在顺境里更能坚强不屈，遭厄运时比交好运时更容易保全身心。

——雨果

精英养成要点 8

◆ 如果我们可以不轻言放弃，勇敢地面对困难和挫折，那么即便我们最后没有获得成功，也可以给自己的人生留下一笔宝贵的财富。

◆ 成功是由那些怀有积极心态的人所取得的，并由那些以积极的心态努力不懈的人所保持。

◆ 挫折是人生的必修课，我们要在挫折中学习和顿悟，找到开启未来之门的钥匙，以使我们生命的每时每刻都保持着乐观的心情、豁达的气度和开阔的胸襟。

◆ 悲观绝望是挫折最积极的帮凶，它只会将我们推入深不见底的深渊。唯有心存希望，才能让我们看到黎明的曙光。

◆ 没有哪个人的成功是一蹴而就的，谁倾注的心血多，谁就能看到命运女神对他微笑。如果我们敷衍人生，人生也会敷衍我们。

能够承受挫折是成功人士的必备素质。让男孩子在艰苦的环境中一改养尊处优的习气，磨砺坚强的意志，培养他们的韧性，他们才会“泰山压顶不弯腰”，才会在任何困难和挫折面前永远保持乐观情绪。这是人生的无价之宝。

A F T E R W O R D

后记

每一部著作的完成都离不开多人的努力和艰苦而可贵的劳动。阅读是一种享受，写作这样一本书的过程更是一种享受。

在本书的策划和写作过程中，笔者得到了许多同行的关怀与帮助，也得到了许多老师的大力支持，在此向他们致以诚挚的谢意：于海州、刘杨、李月玲、周成功、卫海霞、王丽娟、刘蕾、桓浩然、代滢、陈小立、张春孝、侯艳燕等。

在本书的写作过程中，笔者参考了大量的文献和作品，也借鉴了他人的智慧精华。在此谨向各位专家、学者致以真挚的谢忱。因为写作时间仓促，以及笔者水平有限，书中难免有不足之处，诚请广大读者批评指正。

不是每一个男孩都有机会去读哈佛

但比读哈佛更重要的是拥有奠定成功基础的哈佛精神